做自己，最好賣？

網紅產業
如何販售真實性

艾蜜莉‧洪德 Emily Hund

堯嘉寧　譯

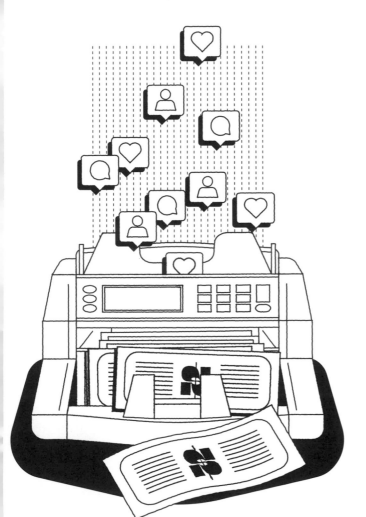

♥ **THE**
INFLUENCER
INDUSTRY

The Quest
for Authenticity
on Social Media

獻給我的家人

目　錄

緒論

　　《紐約》（*New York*）雜誌 2019 年九月號的封面是一名年輕女性的臉部特寫，她睜大眼睛，無奈的表情像是在說：「你相信嗎？」臉上還插了好幾支紅色橡膠飛鏢。封面上還有一行字：「Instagram 對我做的事。」如果讀者熟悉 2000 年代的時尚部落格或 2010 年代的紐約市藝術圈或媒體圈，就會認出這張臉是妲薇·蓋文森（Tavi Gevinson），她在 2000 年代末以小少女時尚部落客之姿嶄露頭角。部落格讀者、記者和業內人士都焦慮而無法自拔地關注著她的崛起。在短短幾年內，蓋文森就因為較早踏入這個以社群媒體塑造自我品牌的領域而獲得巨大回報：她起初自拍，而後有名攝影師安妮·萊柏維茲（Annie Leibovitz）為她拍照；起初是一介中學生，而後坐在時裝週的前排（她還有一個著名事件是用巨大的蝴蝶結髮飾擋住了時尚雜誌《紅秀 GRAZIA》編輯的視線，讓他十分不快）；她起初每天巡視部落格的留言區，而後在傳奇編輯珍·普拉特（Jane Pratt）和廣播製作人艾拉·格拉斯（Ira Glass）的支持下經營自己的網路青少女雜誌。但是在 2019 年這篇封面故事發表時，當時二十三歲的蓋文森經歷了許多磨難。她成為網紅產業的指標案例、零號病人：網紅產業的概念就是任

何人都可以在社群媒體上提供前後一致的相關內容來培養忠實受眾，然後用受眾的按讚、追蹤和其他互動率指標作為「影響力」的證據，再獲得許多社會和經濟回報——其中有許多回報是經由與商業品牌合作，把對方的訊息混雜到自己的訊息中。

要獲得回報，就要能夠塑造看似真實的公眾形象，這個概念已經存在了幾世紀，而且在美國的企業文化中特別突出。媒體歷史學家傑佛遜·普利（Jefferson Pooley）也指出 1900 年代早期的美國文學陳述了美國文化當時就有而且持續至今的一個「核心矛盾」：「忠於自己，才是你的戰略優勢。」[1] 2000 年代的技術和社會經濟條件提供的肥沃土壤讓這個概念在二十一世紀瘋狂發展，推動了價值數十億美元的產業機器，重新塑造出文化的創造和流動，也重新決定了誰（或什麼）才有力量，而溝通的技術和社會規範又是什麼。這就是網紅產業。而蓋文森發現這整件事在存在的層面上令人憂心。

蓋文森在《紐約》雜誌的文章中寫下她在網路上的成長經歷，這段經歷是如何用顯而易見又不可知的方式塑造了她的自我意識和她對世界的體驗。她用部落格培養了受眾，又因為 Instagram 而使她的受眾呈指數增長，這為她提供了舞台、電影和奢侈品廣告的工作機會，還讓她獲得朋友、出席高級活動的機會和一個身分。這些都為她帶來收入，甚至是豪華公寓大樓裡的一戶住家——有人讓她免費住一年，代價是她要在 Instagram 上貼文談這段經歷。她寫道：「我試著想像，在一個平行宇宙中，我總是自由自在地漫遊在一個沒有 Instagram、不受演算法影響的牧場上。但是我想像不出裡面的那個人是誰。」蓋文森敏銳地意識到正是她看似毫不費力的做自己，才催生了她的存在，但是

她也承認她要做到「快問快答星媽數學」，好讓自己的網路形象符合其他人的期望。她寫道：「我想是從這個過程的某個時刻開始，我把可以分享的自我視為真實的自我，並且把任何可能威脅到她可愛度的傾向埋藏起來，我埋得太深了，以至於甚至忘了它們的存在。」她繼續說道：在不信任 Instagram 的眾多原因中（尤其是它利用了你的閒暇時間不斷收集資料和定向投放廣告），「最令人不安的是它讓我不信任自己……我覺得我是作家、演員和藝術家。但是自從我成為自己的銷售員以來，我一直不相信自己的意圖是純潔的。」[2]

　　這本封面出現在報攤的十年前，也就是 2009 年的夏天，我還是個熱血的大學畢業新鮮人，一直夢想在雜誌社工作。我在畢業的兩個禮拜後前往紐約，在一份傳奇時尚刊物的特輯部門實習。這正是我夢寐以求的那種職位——當然除了沒有薪水和缺乏穩定性之外。我和另一名實習生分擔部門助理的工作，我們要接聽電話、安排日程、為雜誌前幾頁的內容整理商品產品，通常還要幫忙任何有需要的專案。我也還繼續為我家鄉當地的報紙擔任支薪的特約撰稿人，並向父母借錢，他們也同意幫我支付兩個月的房租。如果我在這筆錢用完之後還沒有找到方法養活自己，我在紐約的日子就得結束了。我也知道我的情況在許多方面都很荒謬，但是我接受了一種有害的說法，也就是免費工作是「進入」大型媒體公司取得支薪工作的唯一方法，我的生活中沒有其他人走過這條道路，這種說法就是我的一切。我還年輕，還沒準備要讓現實阻礙我的抱負。

　　上班的第一天，我印象最深刻的是辦公室空蕩又安靜。我的辦公桌在職員區的邊陲，從我的座位看過去，是一排排空蕩蕩的白色工作桌。我吞下心中的不安，表現得像是一切都很正常，我屬於這裡。不過雖然赫斯特大樓（Hearst Tower）有著看似無法抵抗的魅力，但是也沒有倖免於正在吞噬整個世界的經濟現實。在不到一年之前，美國正面臨房地產市場崩盤，數百萬美國人和世界上大部分地區的生計和生活方式都隨之崩潰。我搬到紐約之前的數個月，在我的鄉下大學校園畏怯又緊張地讀到了這則新聞：2009 年一月，全美流失了六十萬個工作機會；2009 年三月，七十萬個工作機會流失。直到 2009 年五月，美國已經有近六百萬個工作機會流失，全球也有數百萬個。我丟出了數十份履歷想要申請有薪工作，但是幾乎沒有收到回覆。

　　在這個時候，部落客和「社群媒體」這個新詞逐漸成為談話中的熱門話題，尤其是記者和其他媒體工作者的談話。部落客仍然被當作業餘愛好者和門外漢——他們當然很有趣，但是在自己聲稱的領域中並沒有真正的專業知識或可信度。可是編輯和教授一再暗示我和我那些充滿抱負的記者同行，在工作機會出現之前，我們可以先做部落格工作消磨時間。但這卻輕易地忽視了一個人總得拿錢才能過活的事實。我和同部門的實習生晚上會一起散步，在一天的壓力過後，沿著格林威治村踱步，一邊想著為什麼我們向前邁進的唯一方法是在網路上無償出賣自己。

　　不久之後，那本雜誌就僱用了十三歲的姐薇‧蓋文森撰寫專欄。這位年紀輕輕的部落客由於在中西部郊區家中發展出的古怪風格和她對時尚的認真，很快就取得了成功。那個時刻從本質上說明了很多事。我知道我接受訓練也想取得工作的這個媒體產

業 DNA 發生了永久的轉變——而且這些轉變代表資訊和文化環境的徹底轉變。作為胸懷大志的媒體工作者，一方面我深深感到體制的荒謬和不公平——除非你原本就有經濟和社會資本，否則很難向前邁進。我知道我已經比大多數人幸運了，因為我的家人可以資助我兩個月，但是我也知道他們的慷慨還是遠遠不足以讓我撐到取得有薪職位。我將在八月初搬到費城的姊妹家，每天通勤完成我的實習。從我姊妹家通勤到辦公室，需要在紐澤西州公共交通工具上站著擠三小時，這讓我多出很多時間煩惱。不難看出如果媒體工作的窄門如此難以進入，那麼成功通過的人很可能是出自狹隘的人才庫——他們最終要負責訊息和娛樂的製作及行銷，而這些娛樂對建構社會共同接受的真實又扮演了重要的角色。在另一方面，我又看到傳統媒體公司正在裁員、要求底層員工和外包工作者提供免費勞動力，同時大眾對內容的需求卻在不斷增長。經濟體系的崩潰也煽起人們對社會既定制度的深層懷疑。人們渴求內容，又希望內容都來自「真實」的提供者——這些人「取得內容」的方法完全不同於紐約的全國和全球媒體公司（不論是雜誌出版集團康泰納仕、《紐約時報》，或是主要的電視網絡）。

　　部落客走進了這個真空。他們遵循的資訊傳達規範和傳統媒體不同，顯著的兩點是對話的語氣，還有他們編輯的內容和品牌贊助的內容難以區分。最重要的是，他們說自己受到熱情的驅使，這是在暗示他們具備其他媒體似乎缺乏的健康本質和真實性。他們認為自己只是普通人，只是在尋找志趣相投的社群分享和評論一些想法和產品等。他們的力量就在於他們的獨立性，雖然這在成為飯票之後將成為最重要的獻祭。部落客和早期網紅一

放棄獨立性來賺取可預期的生計（考慮到媒體環境，這也是完全理性而且可以理解的選擇），也就在協助打造成長中的網路媒體產業機器，這個機器想用真實生活來賺錢，而不只是具體地呈現出真實生活。

我又花了四年在混亂的就業市場中走跳，在好幾個機構擔任助理，接著是助理編輯，後來則成為社群媒體編輯，期間一直對上述情況感到好奇。我無法不認為我的經歷是那些改變世界的時局的一小部分，我想要有更深的理解，還要翻譯給其他人看到。我去念研究所，表面上是為了研究媒體工作者的勞動市場變化，以及這會對內容造成什麼影響。不過時尚是我參照的起點，而部落格則是發生這些變化的地方。時尚和零售業後來變成（而且經常是）未來更廣泛發生的社會和技術變革的指標。通常我們是在輕鬆愉快的商業主義支援下習慣新的生活方式，包括把購物看作自我實現的途徑，或是把我們的個人資料交給公司（當然也換取折扣）。[3]

我花了近十年的時間一路追蹤。我對數十人進行了深度採訪、參加業內活動、分析了數千篇新聞文章以及企業和個人的行銷資料，看著「部落客」變成跨平台「網紅」，業餘愛好者變成專業人士，分眾的內容被大眾化的生活內容所取代（然後又再次擺盪回來），免費提供產品變成數百萬美元的交易，一個產業的迅速發展證明和擴大了網路影響力這個混亂的市場，並且將「真實性」重新包裝和重塑以滿足需求。

本書要講述的是美國網紅產業形成時期的重要歷史。我追蹤了網紅產業的發展歷程，如何從一群在金融海嘯中爭先恐後找工作的創作者，發展到今天這個有著多元面向、價值數十億美元、

全球影響力不斷擴大的產業。我會把這個產業的起源和網路時代之前的文化／思想的關鍵歷史一起觀察，並探討它的一些後果——在撰寫本文時，這些後果越來越令人感到不祥。

　　網紅產業是一個複雜的生態系統，由網紅和那些渴望成為網紅的人、行銷人員和技術專家、品牌和贊助商、社群媒體公司和許多其他人（包括網紅經紀人和趨勢研究員）共同組成。我採訪了上述每一個群體的人，除了那些沒有回應我的社群媒體公司。對於各利害關係人（他們將網路影響力重新想像成社群媒體時代的商品），我研究了他們是如何協調網路影響力的含意、價值和實際用途。他們創造的體制要生產、評價和行銷「有影響力」的內容時，必須確保內容與真實性或「實際的存在」正相關。不過，在這個產業中，真實性的定義會隨著行銷人員的需求而發生變化，傳達真實性的工具和背後驅使的社會規範及價值觀也是如此。網紅產業存在十多年來，這些選擇累積超出了分開各部分的總和。後面的章節會說明產業參與者為社群媒體溝通創設了邏輯和工具，但是這些邏輯和工具已經超越了他們的意圖和控制，讓想要宣傳洗腦的人（或更糟的人）能夠用「真實」為幌子，把訊息和錯誤消息插入我們的動態中。

　　媒體專家和研究人員早就知道真實感對有效的訊息傳遞至關重要。真實性的意義從來都不明確，但是通常與某種真實或原創性連在一起。就像是媒體學者岡恩・恩利（Gunn Enli）所寫的：真實性終歸就是「社會對真實建構的概念」[4]——因此它的確實含意會隨著時間和不同的脈絡而發生變化。我將在本書展示當前的真實性除了由社會建構，也由產業建構，高度發展的複雜營利企業會不斷爭奪真實性。在表達真實上，這些企業最後決定了哪些

表達才是有價值的，而這些決定十分有助於確定全球數十億社群媒體用戶會用哪些類型的內容和工具來進行溝通和自我表達。

表達「真實」的語言和美學會不斷改變，我的研究證實那些在網路上建構和利用這些語言和美學的人會擁有商業上、政治上和觀念上的巨大影響力，但是也顯示真實性變得越來越令人擔憂、難以預料，而且可以拿去交易。忠實粉絲之外的旁觀者或許經常嘲笑網紅那些無聊的自我沉溺，但是網紅一些看似瑣碎的決定，例如穿什麼、吃什麼、旅行和工作，傳達的訊息會形成我們的日常生活經驗。這個產業偽裝成輕鬆淺薄的樣子走得越來越遠，卻形塑了我們談論如何投票、撫養孩子和照顧自己及群體的內容。其實在本書研究的後期階段，網紅產業似乎也在經歷轉變——從關心買什麼，轉變到更關心想什麼。

在網紅產業的發展中，最明顯可見的就是權力的轉移，以及試著要讓無形的東西變得有形。「誰都可以」的理想被產業的制式所取代了。說起來，這樣的故事也完全合理。經濟不穩定和社會制度的劇變可謂二十一世紀初的象徵，網紅產業不僅是經濟不穩定和社會制度劇變的症狀，也是其回應，。這也就是為什麼網紅邏輯得以擴大，並牢固地紮根在我們的生活方式中。雖然個人參與者想要尋找一條（在其他地方似乎不可得的）通往自主、穩定和職業成就的道路，但是所創造的價值體系卻最終加速腐蝕了個人的內心生活和商業主義之間的界限，要求我們把自己看成產品，永遠替市場做好準備，我們的所有關係都可以轉換成金錢，我們的日常活動即是潛在的購物體驗。因此，我認為網紅既不是「曇花一現」，也不是「即將破碎的泡沫」，他們其實是一種指標，指出我們看待彼此和自己的方式發生了典範轉移。

以往人們一直在訪談和媒體中使用「狂野西部」這個詞來描述網紅產業，但人們指稱這個產業的用語讓人忽略了它的後果。用上「狂野西部」的形容，是因為似乎沒有人確切知道什麼是可以接受的，或是未來將發生什麼，以及人們如何在前進過程中弄清楚事情並測試界限。不過多年之後，這個產業已經建立了規範和流程。雖然經常變動，不過都有業內和相關人士參與。網紅產業現在的「缺乏法紀」其實是一種選擇，而社群媒體公司每天都在重複這個選擇，這些公司可以透過無作為獲得太多好處（最近他們只有在問題似乎失控後才會採取行動），監管機構的注意力也被引導到其他地方了。此外，「狂野西部」這個描述讓一些人太容易忽略該產業缺乏透明度、持續不平等，而且容易成為錯誤和虛假資訊的管道。

由於我進行這項研究的時間段，以及我是先在雜誌界注意到一些轉變，然後才成為研究員，因此本書的重點放在部落格、Instagram 以及相關的自我商業化技術——所有工具不斷擴張，使人們可以利用他們在網路上的存在賺錢，並用市場思維決定他們的自我表達。從這方面來說，本研究也可以理解為探討某些特定平台如何讓哪些事成為可能（即使它們經常描述自己是中立的）。[5] 不過在這裡描述的模式經常重複出現，先是在部落格，接著則是在 YouTube 和 Instagram，然後是 Snapchat，接下來則是 TikTok（抖音）和 Substack，只要其背後的思維觀念、技術和監管的基礎架構保持不變，未來也很可能再繼續下去。媒體產業無時無刻不在建構真實性，如果媒體內容的創作者（除了網紅之外，還包括記者和權威人士、設計師和音樂家，以及要尋找受眾的普通人）在網路上經營某種正確的「真實性」時利大於弊，這

種建構更是無遠弗屆。

不過，在網紅產業的頭十年將結束時，我對它也不是只有質疑。這個故事講述的是猖獗的商業主義、令人質疑的倫理決策、羞辱言行和不公平，以及在社會帶來負面影響的駭人機會（其負面影響包括錯誤資訊延燒和我們的自我意識受到了商業殖民），再加上商品永無止境的轟炸對環境和心理的影響（消費主義促使我們就像倉鼠般無謂地踩著滾輪）。但這也是一個鬥志旺盛的求生故事（尤其是對於從產業誕生以來就一直處於該產業前沿的女性），一個為了生活得好還要更好而真心付出努力的故事。這個產業相當複雜，但你也會聽到單純追求進步的響亮呼聲。從業者因為獲得自主權、資源和機會而成長茁壯。我們的媒體環境最被消費者津津樂道的是，它提供了符合事實的知識、讓人得以理解極為多種的人類經驗，而且不會太嘈雜紛亂。人們在看待讓這一切成為可能的技術時，會要求透明和尊重，而不是監視和剝削。學者、媒體專家以及政府和科技產業的領導者需要做的是傾聽——以及採取行動。

我會在接下來的章節中對網紅產業的發展進行背景分析和梳理，展示在受到社群媒體驅動的視覺網路中，「網紅經濟」是如何成為權力中心，與有形的經濟與社會報酬緊密相連。我會以批判角度研究這個體系的參與者如何建構和操作網紅的意義。我也會探討「真實」的影響力在該產業中對文化生產、技術創新和日常生活的影響。

我認為網紅產業的發展是走向**產業化**，因為商品或服務正被

匯集、處理和商品化。行銷人員、品牌、網紅、社群媒體公司
等各方會共同努力、**繼續努力**，使影響力成為一種有意義的商
品──不僅具有社會意義和財務價值，也要對衡量標準和銷售制
定基礎架構。⁶本書的章節大致按照時間順序排列，但並不是想
做出分期。依照年代敘事，其實是要將影響力和真實性受到的產
業化理解為受到當前事件的影響，並對這些事件做出反應的**過
程**。我在後續章節中會說明這個過程並不總是以線性或等速的步
調前進。

在第一章中，我會解釋長期以來知識分子認為何謂影響力、
以及 2000 年代各事件的「完美風暴」是如何催生數位網紅經濟
的邏輯。在第二章中，我會展示在金融海嘯之後許多專業創作
者開始共同努力重建職業生涯，何以在這個過程中會建立起網
紅產業的機制、協調出蓬勃發展的條件。在第三章中，我探討
的是一旦該產業開始有一致的運作方法，利害關係人是如何導
入各種管理關係和賺錢的新技術來把效率提到最高。該產業急
速成長，對各種文化產品的影響力日益明顯，但是也很快就出現
強烈反彈。第四章要強調 2010 年代末不斷改變的文化環境以及
某些特定的公眾事件導致群眾對網紅產業產生廣泛懷疑──以及
監管。接著是探討不同的從業者如何重新定位他們的工作，使得
該產業能夠繼續蓬勃發展。第五章闡述的是 2020 年代之交的社
會動盪引發了一系列有關存在和實際的問題。當下的網紅產業已
超越商業利益，不但用於宣傳洗腦及散布錯誤資訊，也傳播利
社會（prosocial）訊息，同時我也探討了未來和當前可能產生的憂
慮。在第六章中，我綜合盤點了網紅產業在 2020 年代初期的複
雜體系：它會吸引市場中的企業主和品牌主管、專業且有野心的

網紅、普通的社群媒體用戶、各種規模和領域的技術公司以及政府，它的規則和價值體系會一直改變和重新協調，但是如果要理解二十一世紀的文化和資訊流動，就會越來越需要成功掌握該產業的方向。我反思了這個產業的前景和危險，並提出我們的社會在面對這個產業時應該思考的問題。現在，讓我們回到一開始吧！

第一章

基礎

　　社群媒體網紅的崛起不僅為社群媒體經濟帶來數十億行銷費和廣告費，挑起的一連串事件也從根本上改變了整體文化或特定文化的生產和體驗方式。對商品、服務、資訊和體驗的想像、生產、行銷和消費方式都受到了影響。當我和人們談起我的研究時，經常有人問我：為什麼我喜歡的新聞節目會邀請這個部落客發表對某些事情的看法？為什麼目標百貨（Target）的這一系列居家用品會出現這位網紅的名字和頭像？為什麼我的 Instagram 動態消息看起來像是我喜歡的網紅在對我進行不間斷的廣告轟炸？不過我認為人們真正想要問的是：為什麼網紅會出現在我們訊息、娛樂和消費商品的主要來源中？他們是從哪兒來的？這種現象又意味著什麼？如果我們能夠了解支撐網紅的這個產業有何進程和壓力，以及該產業的人與周圍不斷變化的世界有什麼互動和應對方式，我們就可以找到許多答案。

　　網紅現象並不是憑空出現，也不是不可避免。它是人們在特定的經濟、文化、工業和技術環境下做出特定決策的結果。它體現了大眾和學術長期以來是怎樣思考誰可以產生影響力、如何造

成影響，以及說服力的特點和科技的前景。就像人一樣，它的優先事項、美學和工作模式經常在變化，但是核心基本上是不變的。雖然這個產業和世界都一直處於混亂狀態，但是這個產業能夠持續變化與取得成功，是因為它**掩飾**了混亂。它需要像真實性和影響力這樣既基本而且基本上來說難以捉摸的理念和過程，然後再巧妙地包裝成和其他產品一樣可以衡量和銷售的商品。它有不確定性，但是感覺易於管理。

　　網紅產業的核心業務是對真實性不斷的重新評估、重新定義和重新評價。真實性會讓一個人比另一個人更有影響力——即使兩人衡量起來條件相似。真實感可以銷售產品，成功的網紅都會分享真實故事，把他們的網路創業夢想推銷給粉絲，還有推銷科技原就是人人可得（至不濟也是菁英可享）的神話。精心建構的真實性讓某些人用社群媒體內容真正賺到錢，也獲得真實的滿足感。但這也使得一些人成為名人的追隨者、錯誤資訊的傳播者、虛偽生活方式理念的宣道者，甚至更糟。

　　雖然社群媒體網紅在社會中的重要性迅速增加，但是許多權威人士和評論家批評或貶低他們想法愚蠢或只在乎自己的事。這當然牽涉到多方的文化腳本，首先是性別：網紅通常是女性，女性歷來在消費循環中的關鍵地位讓她們在經濟上既重要，又容易被忽視。自從十九世紀美國的消費文化興起以來，廣告商就盯上了家庭中進行購物的人——女性。歷史學家凱西・派斯（Kathy Peiss）指出即使到了今天，「女性特質依然和消費幾乎無縫相接。相關詞彙也會相輔相成、互相強化。消費被看作女性的愛好，既無聊甚至浪費……消費者的身分遮掩了女性對經濟和政治生活的重要貢獻」。[1] 其次，網紅產業主要由年輕人主導，他

們使用科技的方式往往引起道德恐慌，而非細膩的理解。最後，這個產業是由商業主義驅動的，商業主義遍及我們的生活，已經被視作理所當然了。

當然有些網紅會做出一些傻事，有時候甚至很愚蠢或無禮，例如為了拍照而踩過自然奇景（加州的罌粟花十年一次遍地怒放期間，就有些人這樣做了），或是瘋狂吹捧廉價衣服、減肥茶或其他可疑產品。不過在本書中，我會從更廣闊的產業視野提供不同視角，看看這個產業是如何支持及激勵網紅、產業脈絡及權力的含意。

我會在本章深入探討網紅產業出現之前的歷史。它的根源悠久而複雜，而且早在數位時代之前就已經存在了。只要簡短回顧一下影響力的思想史，就會看到文學和學術的貢獻是如何隨著時間形塑我們對影響力的理解，並在精煉之後，就在上個世紀滲透到大眾的思想中。從許多方面來說，網紅產業的存在都是這部思想史的直接結果，透過落實幾十年前提出的想法來獲得自身的正當性。從其他方面來說，這個產業則是對這段歷史的挑戰，迫使我們重新思考對影響力先入為主的觀念——尤其是作為可以賺錢的產品。

我將在這個基礎上探討經濟、產業、文化和技術因素的整合是如何讓我們所知的網紅產業呈指數發展。雖然讓這個產業興起的思想和技術基礎已經悄悄奠定了數十年，但是 2008 年的金融危機仍然是關鍵的轉折點，使該產業加速成長，並開啟它快速擴張的特定道路。我們看到在整個過程中，真實性的概念始終存在，它串連起不同的時間和脈絡下對於意義的對話，並成為該產業所仰賴的（但不斷變化的）結構。

影響力：從藝術形式到商品

　　學者對影響力及其社會結果的關注可以追溯到古希臘，說服和修辭在當時是受到研究及實踐的藝術，最後還被當作對付社會弊端的工具。作家勞倫斯・斯科特（Laurence Scott）指出莎士比亞將「黑暗占星術的角色」分派給影響力演出。莎士比亞有四分之一的戲劇都在探討人們如何用不同的方式利用影響力或是受到影響力之害。[2] 幾世紀以來也不乏哲學家間接處理影響力的議題，某些經濟、政治和社會理論的內容反映出的假設就是人們會如何被影響或是被說服。馬克斯・韋伯（Max Weber）討論魅力型權威（charismatic authority）的著作直接提到了影響力，書中說明權威、真實性和影響力是如何交織在一起——通常是出於社會的建構，[3] 取決於環境和領導者與其追隨者建立的關係。長期以來，人們對影響力的思考有一項根本基礎，就是對權威和社會權力的擔憂：誰擁有權力，權力如何運用，以及後果為何？

　　二十世紀初美國的移民浪潮和工業化的力量使人口擴張，也讓日常生活的節奏重新洗牌，政府和媒體機構發現他們可以用看似真實的訊息和新的大眾媒體技術來影響人民。他們認為在人口大幅增加和改變的此時，這是必然會發生的。歷史學家斯圖爾特・艾文（Stuart Ewen）評斷這個時期時，描述了當時不斷發展的廣告業是如何讓人們（尤其是大量的工廠工人，其中有許多人是移民）「習慣」了廣告中對工業化美國生活的想像，這讓他們遠離了家庭、自給自足和節儉 [4] 的傳統價值觀，轉而在商品消費中尋求意義和認同。[5] 就像是艾文所寫的：「發展消費意識形態既是要回應社會控制問題，也是在回應商品分配需要。」[6] 廣告通

常會用幾段文案來促使讀者思考該產品將如何改善他們的生活，或是用有號召力的專家或模特兒的聲音來解釋他們為什麼認同該產品。

廣告界巨頭兼廣告公司創辦人布魯斯·巴頓（Bruce Barton）在他充滿爭議的著作《無人知曉的人》（*The Man Nobody Knows*, 1925）一書中提出了告誡：「公眾的第六感會發現不誠實之處，他們會憑直覺知道何種言辭屬實。」[7] 他鼓勵那個時代的商人跟隨耶穌樹立的榜樣：「他的為人和他所說的都是同一回事。」[8] 美國公共資訊委員會（Committee on Public Information）是美國政府中第一個有組織的宣傳機構，其工作是向美國人「推銷」加入第一次世界大戰，並向其他國家「推銷」美國的理念。該委員會的負責人喬治·克里爾（George Creel）曾寫過，該委員會的工作能成功，大部分是因為它具有真實的本質。他寫道：「我們致力於單純而直接地呈現事實，以進行教育和提供資訊。」[9] 不過，這顯然也是「一項巨大的銷售事業、世界上最偉大的廣告冒險」。[10]

在 1910 年代和 1920 年代，諸如此類的機構宣傳工作的規模和範圍都不斷擴大，同時吸引了學術分析[11]和大眾關注。愛德華·伯內斯（Edward Bernays）在 1928 年的里程碑著作《宣傳學》（*Propaganda*）中，歸納出大型組織開始察覺它們可以用什麼方式來大規模建立和發揮影響力，並將這些活動合理化成在日益複雜的社會中生活所必需。他寫道：

用經過組織的習慣和意見有意識而明智地操縱群眾，是大眾社會中一個重要的要素。操控這種隱形社會機制的人會構成一個看不見的政府，那才是國家真正的統治力量。我們會受到管制、我們的思想受人塑造、我們的品味由人形塑、我們的想法也受到

024 | The Influencer Industry
做自己，最好賣？

暗示，而且大部分是被我們從未聽說過的人……他們在幕後操縱公眾的思想。[12]

對於這種經過組織以說服他人的活動所發揮的力量以及（值得三思的）需求，吹捧已經成為主流趨勢，因此人們究竟是如何被說服或是不被說服，以及這些過程的社會含意都引起了研究人員的注意。一方面是有實際從業者（像是被稱為「公共關係之父」的伯內斯和克里爾）越來越投入了解組織的說服能力，另一方面，也有學者想要找出社會影響力的動態，並進行系統性研究。

影響力成為可實證的事物

社會心理學家倫西斯・李克特（Rensis Likert）和路易斯・瑟斯通（Louis Thurstone）在1920年代指出態度（或是所有人對想法、人和事物的「評價性判斷」[13]）會影響行為。他們還創造出李克特量表（Likert Scale）這個持續運用直今的問卷模型，該問卷會要求受測者提供他們認為的答案強度等級（例如：「強烈反對」）。雖然這種類型的民意調查現在已經很常見，但是將態度量化在當時是一項重大突破，有助於用實徵的方式來掌握之前讓人感到很抽象的人類現象，包括人們會如何、在何時以及為什麼會改變想法。[14]

在1930年代和1940年代，法西斯主義興起和第二次世界大戰爆發，激起了人們對宣傳和威權主義的廣泛關注，研究人員的注意力也轉向解析要如何動員或改變大眾輿論。人們普遍認為只要用「正確」的方式創造訊息，就可以對每個接收訊息的人產生直接影響。這些論點也被稱為「神奇子彈」或「皮下注射」理

論，它們將媒體訊息比喻為「射入」受眾的腦海並引發一致的反應。納粹的宣傳似乎就為這種可能性提供了一個災難性的例子。也有其他事件為這個理論提供了更多推定的證據，例如奧森·威爾斯（Orson Welles）在 1938 年的廣播劇《世界大戰》（*War of the Worlds*）所引起的恐慌。[15] 不過社會心理學研究人員在進一步檢驗之後，發現訊息與接收者的連結其實沒有那麼簡單，還有許多因素，例如一個人的教育程度、宗教信仰或「對暗示的感受性」，都可能中斷和改變效果。[16]

同時，社會學家開始探索一個概念：關乎能影響人們如何被打動、為何被打動的，是社交關係而不是心理現象。哥倫比亞學派（Columbia School）的研究幫助社會學界和大眾理解：「如果要成功說服人們，還是要透過和其他人的互惠互利，大眾媒體的影響力並不如以往預期的那樣絕對和有力」。[17]1948 年出版的《人民的選擇》（*The People's Choice*）一書就是這種思考方式的早期里程碑。該研究的作者試圖理解人們在 1940 年的選舉是如何決定投給誰，他也發現其他人的影響力「比大眾媒體更為頻繁，也更有效」。[18]

埃利胡·卡茨（Elihu Katz）和保羅·拉扎斯菲爾德（Paul Lazarsfeld）在 1955 年出版了《個人的影響力：人們在大眾傳播中扮演的角色》（*Personal Influence: The Part Played by People in the Flow of Mass Communication*），明白地概述了這種「兩級傳播」模型——身為「意見領袖」或「有影響力」的人會從大眾傳播中過濾一些訊息向他們的朋友和鄰居傳播，而一般人在與這些影響力人物的互動中，也形成了一些行為和觀點。卡茨和拉扎斯菲爾德在伊利諾州的迪凱特（Decatur）進行了一項研究，探討女性對於多種主

題的決策，主題從公共事務到時尚均有。人們普遍以為人是「一群孤立個體，會接觸媒體，但是彼此互無關聯」，但他們駁斥這點，反倒認為人們是由「相互連結的個人所組成的網絡，大眾傳播便是透過這些網絡運行」。[19]

因為卡茨和拉扎斯菲爾德的研究，學術界或大眾對影響力的理解產生了巨大的衝擊。在過去半個世紀，人們討論影響力所用的詞彙，大多都是出自他們的研究。在網路時代，他們對於「有影響力之人」（意即看似能對聽眾激發顯著效果之人）此一概念的理解可能前所未有地重要。

兩級傳播模型成為社會學在研究影響力時的主要典範。它使得相關研究在數十年來急速增加，研究內容都是有關傳播理論、影響力或新事物如何在人群中傳播，以及分析社交網絡的方法論。[20] 在電腦運算能力進步之後，研究者開始利用大量資料找出是什麼引爆點讓想法或行為得以擴散，在這個過程中，就經常找到「有影響力的」人──這在網紅行銷中很常見，後面的章節也將對此進行介紹。

多年來，已經有學者開始認為以兩級傳播模型為主會讓該領域出現重大疏失。社會學家托德・吉特林（Todd Gitlin）批評它不關注大眾媒體是如何為公共論述設定議題，研究者又過於強調可以量化的效果。[21] 女性主義媒體學者蘇珊・道格拉斯（Susan Douglas）認為將兩級傳播的概念概略描述為一個可量化的影響過程，會掩蓋文化和性別在這個過程中的作用。[22] 例如，道格拉斯指出，迪凱特研究原本只針對女性，但是卻因為書中使用男性（「資深前輩」[11]）或中性（「人民」）的代名詞來闡述概念，而掩蓋了這個事實。她寫道：「迪凱特研究的核心矛盾之一，是

它既遮掩了該研究只針對女性的事實，又想用她們來概括代表一般人。」[23] 還有一些人主張應該考慮三級傳播或一級傳播，因為迪凱特研究以廣播和報紙為中心，但從那時至今，我們的媒體系統已經日益複雜。[24] 總結來說，繼《個人的影響力》之後的影響力研究都可能過於強調影響的**過程**，而忽略了更多結構性問題，包括影響力在不同環境中的意義，以及影響力是由誰定義的。

影響力研究進入主流

幾乎是自從有了影響力的實徵研究以來，商界領袖和企業家就一直在尋方設法將研究結果用於他們自己的目的。文化評論家萬斯・帕卡德（Vance Packard）在 1957 年的《隱藏的說客》（*The Hidden Persuaders*）一書中詳細介紹了公關專家是如何利用理解人們如何做出決定的「動機研究」來販賣一切商品，從洗衣機到政治候選人皆然。他寫道：這些不為人知的活動目的是要「謀畫使人民同意」接收廣告訊息。最令人擔憂的是，他們會利用學術理論來「訓練」人們，「就像帕夫洛夫（Pavlov）的狗 [2]」。[25] 帕卡德的書成為暢銷書，他還獲得了全國知名的消費文化批評家這樣罕見的地位，而書中詳細說明的那種專業說客利用學術理論來銷售產品的現象，自此之後更是有增無減。

學術界或行銷專業人士在 1900 年代之後的影響力研究都獲得廣泛的關注，因為企業家和商界發現其中的實用價值。一個著

---

[1] 譯者註：原文為「elder-statesman」，這雖然是一個不分性別的概括式稱呼，但是「man」的原義是男性。

[2] 譯者註：帕夫洛夫用狗做了消化系統實驗，並成為日後「古典制約」理論的基礎。

名的例子是心理學家羅伯特・席爾迪尼（Robert Cialdini）在 2001 年的暢銷書，他在書中概述了從實驗和參與觀察研究中推論出的六種「影響力武器」，強調大多數人類文化似乎有共通的某些規則會決定人們的思考或行為方式，這些規則包括互惠、服從權威、做出決定時尋求「社會認同」（或是與其他人做同樣的事）等。[26] 這項研究想要找出各種個人和團體（包括銷售人員和媒體組織）所使用的日益複雜的影響力策略。

研究還有另一個重要內容是追蹤有影響力的人、想法或行為。這項研究是從末端開始分析那些已經被認為具有影響力的事物，嘗試追蹤它們是如何形成。這類研究想找出在背後推動這些想法或行為「變得流行」的人類行為或傾向。著名的有麥爾坎・葛拉威爾（Malcolm Gladwell）在 2000 年的暢銷書《引爆趨勢》（The Tipping Point），該書向廣大讀者介紹了「社會流行病」的概念（以及理解工具）。而行銷學教授約拿・博格（Jonah Berger）的另一本暢銷書《瘋潮行銷》（Contagious）則描述了某個東西能夠「蔓延開來」的六大感染力原則：要有社交身價、要能夠自然地觸發討論和情緒、要有曝光、要有實用價值，而且有更廣泛的敘事加以包裝。[27] 不過由於這個領域的大量研究都與企業管理或行銷有關，因此背後的提問往往是「我們要如何設計產品、想法和行為，使人們願意談論？」[28] 而不是對現存的社會影響力基礎架構或其後果提供批判性的洞見。

其他社群研究者則協助將兩級傳播模型推向主流受眾，並強調任何人都可以運用。舉例來說：民意調查公司 Roper-ASW 的艾德・凱勒（Ed Keller）和瓊・貝瑞（Jon Berry）在 2003 年出版了一本書，整本書都基於一個想法：人們比較可能向朋友、家人或其

他「個人身分的專家」尋求建議，而不是向大眾媒體。他們認為「在美國，改變的控制桿不是握在少數人手中」，[29] 他們的目標是找到哪些社會因素與成為影響力人士有關，而該書的結論則是建議企業如何利用這種影響力發揮槓桿作用。行銷人員馬克‧薛弗（Mark Schaefer）也推崇「網紅階級」在商業中的效用，他在2012年的書中強調那些在網路上培養影響力的人可以獲得什麼經濟和社會效益。薛弗呼應了伯內斯在1945年說「媒體提供了通往大眾腦中的大門，我們之中的任何人都可以影響同胞的態度和行動」，[30] 薛弗樂觀地斷言：「在這個社群影響力的新世界中，即使是沒沒無聞、害羞和被忽視的人，也可以在他們那一塊網路世界中成為名人……就算是你，也可以努力讓自己躋身網紅階級。」[31]

雖然薛弗正確地指出社群媒體替影響力帶來新的含意和用途，不過他以及當代其他流行作家對影響力的觀點反映了學術界和大眾歷來在思考這個課題時始終存在的主題：影響力可以量化，某些人就是會（也應該）比其他人更有影響力，而且科技會讓這整個過程變得人人可做到，**還可以營利**。同時，公司和流行的行銷論述都在為自己的目的消化這本著作。他們對這些概念的落實影響了公眾論述和消費者文化的議題設定。

媒體的角色和名人文化

在探討上個世紀的影響力時，研究者和業者主要將大眾媒體想成可以發送具潛在影響力訊息的管道。不過薛弗提到「名人」，是在提醒我們媒體公司和科技對於**創造**影響力所發揮的作

用。名人基本上是指某一種有影響力的人，他們的社群力量完全仰賴媒體產業。[32] 名人文化在二十世紀持續擴大，並因為二十一世紀網際網路和社群媒體興起而急劇加速[33]，其邏輯已經滲透到日常生活中。公眾能見度、個人品牌和對績效指標的意識都進入流行話語中，融入新的媒體技術，甚至被視為專業問題而編入學校教材。[34] 此外，透過電視真人秀、小報文化和早期的部落格之類的等工具，二十一世紀的「普通人」在大眾傳媒的能見度越來越高，[35] 因此產業對內容的正面評價就會越來越看重真實性（或「真確性」）的概念。

　　當學者需要分析不斷成長的大眾媒體系統和在其中發跡的人有何關係，對名聲和名人文化的關注便迅速興起。例如在 1944 年，社會學家利奧‧洛文塔爾（Leo Lowenthal）就闡述了流行雜誌的報導如何從「生產偶像」（例如白手起家的商人和政治家）轉向「消費偶像」（例如新興娛樂產業的明星）。此外，洛文塔爾還注意到他分析的報導內容越來越「限縮為英雄的私生活」，[36] 重點放在報導對象的生活細節，而不是他的資歷和成就。

　　將近二十年後，歷史學家丹尼爾‧布爾斯廷（Daniel Boorstin）提出二十世紀中葉的環境（電視和新聞無孔不入）讓建立「個人崇拜」變得太過容易，他還特別指出這個過程是反民主的。布爾斯廷概述了發展中的大眾媒體和公關產業是如何引進「偽事件」文化（專門為了引起新聞報導而策畫的事件），並催生出「偽事件之人」或名人──這種人所擁有的影響力模式顯然屬於當代。布爾斯廷很有先見之明地將這種人描述成「靠知名度聞名」的人，他們的名聲會受到媒體的強化。後來則有文化史學家萊奧‧布勞迪（Leo Braudy）對歷史中的名聲做了廣泛的研究，其研究結

果也為布爾斯廷的論點提供了支持,他認為數千年以來,社會常會突顯某些特定人士很重要,這些人的影響力本質可能取決於當時的主流媒體形式。布勞迪認為不同類型的人會在不同時代受到讚揚,這有部分取決於傳播他們訊息的科技為何。

到了比較近期,有文化評論家和研究者注意到名人文化和商業網絡之間的共生關係,並把這描述成網路的「注意力經濟」（attention economy）功能。這個詞是物理學家邁克爾・戈德哈伯（Michael Goldhaber）在 1997 年創造的,他用這個詞來描述世界的經濟秩序何以將在網路時代發生變化。[37] 他指出:雖然其他人經常將網際網路描述成**資訊**經濟,但是「經濟要談的是稀缺性。比起以往任何時候,現在資訊其實都更加豐富。稀缺的是人的注意力」。因此,他預測「博取注意力」會成為數位時代的核心活動。[38] 巧的是,商業大師湯姆・彼得斯（Tom Peters）在同年於《快公司》（*Fast Company*）雜誌發表的意見指出人們「最重要的工作是成為『你』這個品牌的首席行銷人員。就是這麼簡單──但是也很難。然而它不可避免」。

2000 年代又稱為 Web 2.0 時代,此時的社群媒體發展讓人們得以用新形式在網路上博取注意力,並有策略地運用這種注意力。雖然以社群媒體為主題的著作之前已經約略提到成為影響力人士會帶來社會和經濟效益,不過數位媒體學者將當代的這些效益講得更為清楚。早期的網路使用者已經會透過網路攝影機播送私生活,獲得狂熱的追隨者。媒體研究者泰瑞莎・桑夫（Theresa Senft）在研究這些早期的使用者時提出了「微名人」理論[39],說明他們是如何在網路上為自己培養公眾形象和受眾,這個理論啟發了許多研究詳細介紹人們是如何利用這些作法來達到社交和經

濟目的。[40] 社群網路日漸成熟之後，微名人的所作所為和單純上網也變得難以區分。網路用戶，尤其是社群媒體用戶，必須一直意識到自己的公眾形象或個人品牌，以及其危險和潛力。[41]

當然，就像是媒體學者艾莉森・赫恩（Alison Hearn）所寫的，不斷擴張的名人文化「在意識形態上強化了這種希望」[42]（希望網路上的個人品牌會獲得名聲或金錢回報，或兩者兼得）。隨著社群媒體的網紅產業蓬勃發展，越來越多人投入個人品牌的建立、宣傳和變現，戈德哈伯說網路將成為「明星體制」[43]，顯然很有先見之明。

當代網紅產業的誕生

自從商業網路在 1990 年代初期出現以來，人們便開始在網路上自行發表無數主題的想法和評論。早期有些電子郵件用戶是透過電子報，後來又開始流行部落格，因為部落格可以結合文字、圖片和影片來表達作者的想法或分享資訊。或許是 1990 年代晚期的政治部落客，讓我們第一次看到在社群媒體自行發表文章也可以做到議題設定，柯林頓—陸文斯基（Clinton-Lewinsky）和特倫特・洛特（Trent Lott）的醜聞在當時就是由一些部落客率先報導，然後才湧入主流新聞。[44] 不久之後，所謂的媽咪部落客獲得關注，以令人驚異的素人手法講述母職的複雜經驗，培養了熱情的讀者群。在 2000 年代的頭十年中，部落客和部落格讀者的人數逐年增長，不過總的來說，人數相較於所有網路使用者還是偏低。[45]

不過二十一世紀的頭十年結束後，一場科技、經濟、文化和

產業因素的完美風暴，使得剛萌芽的「網紅」創作開始呈現指數增長。

科技因素

在 1999 年推出的部落格和 2003 年推出的 WordPress 等軟體，讓沒有豐富技術知識的人也可以輕鬆在網路上發表內容。因此，2000 年代出現了大量部落格。很快的，像是 Twitter、Facebook 和 YouTube 等社群媒體網站也出現了，分享資訊、與人們在線上取得連結的過程比起以往任何時候都更加容易，並迅速普及到人群中。皮尤研究中心（Pew Research Center）的數據顯示，2005 年只有 5% 的美國成年人會使用社群網路平台，而十年後已經將近 70% 了。[46] 同時間也有 Klout 和 PeerIndex 等網站出現，提供工具對個人的社群媒體數據進行匯總和分析，藉以評量個人的影響力，並根據分數提供品牌化的「獎賞」。藉由科技輔助的創業也變得流行，eBay 和 Etsy 等網站便是因為能夠讓人和全球的人直接交易而聲名鵲起。

文化因素

這些技術變革讓人能夠直接與素昧平生的「公眾」建立連結，[47] 也剛好契合 1990 年代開始的創業精神和自創品牌等文化，以及逐漸走向個人化的工作本質。[48] 有些人熱烈預測「自由工作者國度」將到來[49]，所謂零工經濟（gig economy）也開始出現[50]，靠著新技術實現「獨立」工作的人在 2000 年代大量增長——此趨勢的大部分現象都讓人欣見。

此外，對制度的不信任則加劇了。有些歷史事件和醜聞似乎

動搖了美國社會的每一塊基石，從政府到教育、銀行業及宗教均未倖免。這些事件發生之後，在 1990 年代至 2010 年代之間成年的人們（俗稱為千禧世代，早期的許多網紅都屬於這個世代）越來越不信任其他人和制度。[51]

經濟因素

走向獨立工作的轉變還在持續，雖然人們比較沒那麼注重讓自己展現能動性，因為 2008 年全球金融危機發生之後，有數百萬人失去工作。對許多未找到全職工作或失業的人來說（特別是胸懷抱負的專業創作人），在這個活動力不強和不確定的時代，網際網路和許多新興的社群媒體平台似乎提供了一個前進的機會。Digital Brand Architects 高級副總裁瑞莎·雷克（Reesa Lake）在 2017 年接受採訪時回憶道：「我意識到傳統的公關產業正在消亡。我試著找其他事情做。」

許多人會使用部落格和 Twitter、tumblr 及 Facebook 等平台來傳播他們的專業知識和個人興趣，以建立名聲並吸引僱主。[52] 這樣做，也像是在不明確和不穩定的職業形勢中找到一點控制感。擁有數十萬粉絲的設計師兼網紅露西亞（Lucia）*[3] 在 2015 年的採訪中回憶說：「經濟衰退影響了我的全職工作量，於是我開始寫部落格。我有了更多時間，而且……你知道，我的生活其實並不太需要我留意──畢竟我單身，二十四歲。而且我有許多創作能量。我開始寫部落格，是為了放更多心力在我感興趣的工作，並希望我能夠開始用自己的方式接案。我寫部落格，是為了結識朋友和建立人際網絡。」

不同機構對獨立工作者的正式追蹤結果不甚相同，[53] 但是皮

尤研究中心在 2016 年的一份報告總結說在二十一世紀，「選擇
這些替代性就業安排的美國勞動者比例顯著上升」。影響深遠的
經濟風暴似乎只是讓獨立自主的新自由主義邏輯變得越來越大
膽，激勵各行各業的人繼續關注自己的個人品牌，讓他們的「生
活就是一場推銷」。[54] 的確，在經濟衰退的影響之下，仰賴那個
「名為『你』的品牌」[55] 似乎已經不再是新型態經濟的一種選
擇，而比較像是參與新型態經濟的必要條件。

產業因素

　　商業性網路問世後，媒體產業轉型慢慢逼近，而經濟危機則
加速了這種轉型。新聞業的工作機會枯竭、薪資停滯、營收模式
變得過時而且難以持續，因此慢慢變成一條不太可行的職業道
路。[56] 廣告商需要找到一條比紙媒更有效的管道，而他們發現部
落格很理想，後來社群媒體平台上的網紅動態消息也很合適。網
紅正在建構自成一格的微型媒體帝國，而且由於內容取決於各自
的人設，因此為廣告商提供了更方便細分的受眾。他們的數位本
質也讓 ROI（投資報酬率）的評量變得更方便和直接，在這個文
化產業越來越規避風險和迷戀量化的時代，這個好處顯然特別
有吸引力。[57] 試想一下：如果有一個服裝品牌想宣傳他們的全尺
碼系列，比起雜誌《魅力》（Glamour）的印刷紙頁，要是能夠找
到一名專門針對這類主題創作部落格和 Instagram 圖文的二十多
歲女性網紅，她的忠實受眾應該更有機會符合該品牌瞄準的分眾
市場。

---

[3]　作者註：本書的敘述混合了真實姓名和假名，首次提到的假名會以星號標註。

　　此外，部落客未必需要遵守新聞標準，例如廣告和評論要有區隔，或是揭露個人與專題報導的關連。這使得廣告商可以用網紅行銷這個新媒介輕鬆打造出傳遞商業訊息的新規範。受到贊助的內容和作法（例如贈送產品以換取報導）變得很常見。社群媒體的這些技術和人際能力替廣告業數十年來熱愛的口碑行銷注入新的活力。在這些力量的推動下，涵蓋育兒、政治和個人風格等各種主題的部落格開始廣為流行，過程中也為網路上的自我發表和自我表達創造了新的形式、規範和可能性。

　　雖然大家都知道廣告支撐起美國的媒體系統，但是很少有人知道是**零售支撐起廣告系統**，零售的廣告支出比任何產業都多，[58] 還會影響我們使用的媒體、我們看到的內容以及我們的實體購物環境。[59] 因此，早年的部落格成為時尚業的一股強大力量也是合情合理。社群媒體似乎一開始就對這個自上而下、臭名昭彰的封閉產業構成相當大的威脅：世界各地的社群媒體用戶都會依他們自己的喜好上傳服裝照片，因此品牌無法繼續嚴格控制自己的品牌形象，時尚雜誌不再是引領潮流和評論的單一權威聲音，因為讀者更喜歡那些似乎「和我們一樣」的部落客觀點。不過社群媒體上的新興時尚明星也對該產業有不可抗拒的吸引力，因為他們很活躍、引人注目，而且很有可能幫產業賺到錢。在這個領域受到歡迎的一些代言人曾獲得時裝秀的前排座位，與頂尖的雜誌編輯比肩而坐，因而掀起波瀾。時尚部落客的崛起在主流報導中是很吸引人的奇聞，也符合越來越常見的敘事——社群媒體讓「任何一個上網的人」都可以發聲、露臉，因此讓文化走向「大眾化」。[60]

　　受歡迎的部落客會有越來越多粉絲，這讓廣告商意識到機

會來了。到了 2010 年，零售品牌了解到這些網路上的內容創作者不僅可以提供意見和風格，還會帶來與購買大眾直接連結的管道。[61] 大品牌開始感興趣，在大大小小的部落格下廣告，廣告網路也開始發展以滿足這項需求。品牌有時候會和部落客合作設計和行銷聯名產品，例如鞋子或手提包的產品線，但更常見的是部落客和廣告商合作創作貼文接受贊助，在部落客自己的視覺圖像或文字內容中加入廣告商的產品。這種看似「真實」的付費廣告內容充斥著社群媒體，並成為網紅產業的命脈。

加進廣告來營利的作法在 2010 年代初期的社群媒體生態中十分盛行，還催生了專賣的網紅行銷公司，擔任內容創作者和廣告商之間的中間人。這些公司對自己的定位是幫助網路內容創作者用他們感興趣的項目賺錢，它們會建立指標平台，洽談網紅和零售品牌的交易，並在某些案件中充當網紅的全方位經紀人。這些機構的服務是使品牌交易流程變得順暢和可預測，幫助決定要放什麼內容在流行社群媒體平台上。聯盟行銷（affiliate marketing）是一種由網紅把流量或銷售導向零售商的網站，藉此賺取佣金的合作方法，後來發展成為價值數十億美元的普遍商業模式。

部落格追隨傳統媒體的腳步，在經濟上依賴廣告商，而廣告商也改善了部落客的能力，他們更懂得衡量訊息怎麼放和放在哪裡才最有效。「網路影響力」成為核心概念。衡量社群媒體用戶影響力的指標通常是粉絲數、互動率和點閱率、不重複訪客（unique visitor）等數字，這些都成為確保品牌合作和廣告的貨幣，為部落客帶來財務穩定、大眾認可和其他職業機會。視覺的社群平台（例如 Instagram、Pinterest 和 Vine 等）在 2010 年代初期激增，「網紅」這個詞取代了「部落客」，用來描述那些利用各種

平台製作網路內容、擁有重大社群媒體影響力的人。

名人長期以來都是用模糊的文化權威當賣點，因此，便於量化的「影響力」就變得很有吸引力，很快就取代了模糊的文化權威。就連舊媒體巨頭《Vogue》雜誌也無法不引進一些指標來確定那些以前很難掌握的因素。《Vogue》雜誌在 2000 年到 2015年的網站叫作 Style.com，Style.com 從 2013 年開始推出一個叫作「The In Cloud」的圖形，會不斷更新，為時尚編輯、部落客、設計師、時裝週坐在前幾排的常客和模特兒進行排名。用它自己的描述來說：「The In Cloud 是 Style.com 對時尚界最有影響力的人所新訂的排名……時尚界沒有人是在與世隔絕的狀態下工作。您可以透過 The In Cloud 查看誰在某個類別中名列前茅，或是看看他們與別人相比的結果。他們都不是孤立的，而是同在雲端（in the cloud）……所以排名萬 ，祝最活躍的人獲勝。」[62]

在接下來的幾年中，網紅產業中的網紅、行銷人員、品牌和技術人員創建的全新生態系統讓人們可以在其中接觸資訊和文化產品，並與之互動。網紅成為將資訊分門別類的重要工具。他們鮮明的個人品牌標示了他們提供的是哪一類內容，而在這個人們會不斷被資訊淹沒的世界中，做決定時參考看似乎與自己志趣相投的人，就成了很具效益的選擇。我們將在後續章節中詳細討論技術發展讓網紅可以將自己的內容與購物無縫接合。在許多專家所稱的「後廣告世界」中，消費者越來越會忽略或避開明目張膽的廣告[63]，網紅為公司提供了向公眾傳達訊息的重要手段。

雖然許多網紅說自己「受到熱情的驅動」，而且是在「施展創意」，[64] 不過綜觀來說，他們就是行銷巨頭，也是零售體系的重要成員。根據 eMarketer 公司在 2016 年的估計，僅是

Instagram 的網紅行銷收入就超過五億七千萬美元,整個產業的價值還可能超過十億美元。[65] 網刊《商業內幕》(*Business Insider*)估計在 2010 年代結束時,該產業的價值將為八十億美元,並預估這個數字在未來三年將幾乎翻倍。而同時,網紅這群以獨立工作者的身分為精心培養的線上受眾提供精選「真實」內容並賺取收入的人,則成為這個社群媒體、資訊和商業合一的世界中最引人注目的象徵之一。

身為網紅的工作

大致而言,部落客、網紅和內容創作者無疑是二十一世紀的職業,有關他們的許多文章都在討論這個工作的意義和條件。學術界對這些「網路工作」的討論包括線上內容創作是**誰的**勞動(包括未支薪用戶在留言板評論或貼文,[66] 或是專業部落客以此工作謀生[67]),還有數位時代的環境(例如始終不間斷的連結和對自我品牌的激勵)是如何更廣泛地重塑勞動方式。[68] 有些理論認為這是創新冒險的工作、[69] 胸懷抱負的工作、[70] 懷抱希望的工作、[71] 具有能見度的工作[72],它們都指出了數位經濟工作有幾個一致的課題:風險由個人承擔;自我推銷、永遠在線的工作方式是常態;勞動所能帶來的報酬並不明確;性別、種族和階級方面依然存在不平等。

這類學術研究的基礎在於不斷思考這些形式的網路工作是否會帶來剝削、愉悅或權力——或是結合了三者。人類學家布倫特·盧瓦斯(Brent Luvaas)在 2013 年對時尚部落客的研究中,描述他認為部落客是「有意識的商業化」,還得出一個矛盾的

結論：

> 那麼，剩下來的問題就是對這些人來說，這樣的定位究
> 竟是帶來更多權力或更多剝削。他們是大眾化時尚產業
> 中新掌握了權力的主體嗎？還是該產業的新棋子，得受
> 到自我監控和自我推銷的紀律約束，被新自由主義邏輯
> 所吸收內化？而……這兩者之間有什麼可以想見的差別
> 嗎？73

只要想到最早參與網紅產業的人其實大部分是女性，上述狀
況就顯得格外令人擔憂。74 一方面，我採訪的人經常說自己的這
些經歷為他們帶來權力，然而另一方面，他們也描述了這些經歷
具有更大的結構性限制，就像是女性在傳統職場中會面臨到的一
樣。例如當我問一名設計類部落客克勞蒂亞（Claudia）* 在工作中
哪些面向讓她感到愉快，她說：

> 工作有彈性真的很好。很少有工作讓我既能夠全職當
> 媽媽，又能全職工作。你知道的，我是說，把我需要塞
> 進時間表的事情全都找到時間塞進去當然很困難，但
> 是……嗯，對我們來說，這真的辦得到，我真的很樂在
> 其中。

網紅產業的發展背景是許多職場在結構上始終存在性別歧
視。75 同時，即使是雙薪家庭，美國母親還是承擔了過多的照顧
和家務，76 但是卻沒有獲得什麼資源支持，例如受保障的帶薪育

嬰假、負擔得起的托育選項、可以要求比較靈活的工作安排而不必擔心被邊緣化，或是享有其他可能的補償。[77] 因此，如果女性想要開始或繼續從事**適合她們的**工作，便會選擇社群媒體，因為這種工作保證了職業自主、實現創造力，還可能獲得令人羨慕的酬勞和彈性。[78]

確實，網紅產業最常引發的討論之一，尤其是在初期，就是那些成功經營社群媒體粉絲、靠這個方法賺錢的網紅能賺到多少。新聞會用大標題吹捧頂級網紅每一則受到贊助的貼文都要收費數萬美元，或是透過品牌合作一年賺得數百萬美元。平價時尚類部落客伊莎（Issa）＊ 與我們分享了她那值得注意的經驗：

> 我一直很想……發表一些關於我自己的事之類的，但是這聽起來很像只是在吹牛。不過我的目的是，我希望讓大學還是哪裡的女性和孩子知道什麼事是可能的。我甚至不是指發表在部落格，而是作為企業家、說出妳能夠做到的事。這對我個人來說是巨大的成功故事，因為我來自堪薩斯州的農場，可以說我全家人都沒有上過大學，所有人都是做藍領工作。我父親是唯一一個上過大學的人。我覺得寫部落格完全改變了我的人生道路，比如說我在三十歲之前賺的錢就比我父親多了……這很瘋狂。這太激勵人心了，我很希望能分享這件事。

像伊莎這樣的網紅成功故事的確很重要。而同時，公眾在討論網紅產業時也經常引用像她這樣激勵人心的故事，這使得該產業的深層問題受到忽視。舉例來說，在伊莎受訪的同一年，我和

布魯克・艾琳・達菲（Brooke Erin Duffy）有另一項研究發現：當紅部落客在網路上的自我表達往往會重新強調女性消費者的傳統角色，而「有色人種、LGBT 和大尺碼的女性則人數不夠多，這顯示出『頂級』部落客的競爭環境是如何高度不平等——雖然她們的外表的確是『真正的女性』」。[79] 達菲在 2017 年的書中進一步探討了表達和現實之間的緊張關係，她闡述網紅和那些渴望成為網紅的人是如何讓自己的角色和想像中的「普通女孩」讀者（她們通常具有中產階級的背景和價值觀）靠攏，努力讓兩者取得「關聯」——而此舉也使「真實性和營利的價值觀這兩個看似不協調的性質」走向一致。[80] 數位媒體研究者 Akane Kanai 最近指出網路上所謂的「關聯感」並不是「一體適用」，而與種族和經濟特權有關。[81]

　　網紅產業不是只有在最早期才對不平等問題大致保持沉默，它似乎在許多方面都有意或無意地依賴不平等。網紅產業在很大程度上是由年輕女性推動的，這如實反映了當代的工作以及長期以來的一些形象問題——有種想法認為，女性主要是消費者，她們使用社群媒體只是為了娛樂，而不是工作。雖然個人和集體都努力想要扭轉，但是這類想法還是根深蒂固。[82] 重要的是，網紅產業的女性化本質遮蓋了它的嚴肅面和廣泛影響。[83] 或許這也就是為什麼網紅能夠一路挺進白宮（我們將在第六章看到），並改變了我們體驗文化、資訊、人際關係和自身的路徑，卻沒有引起公眾太多的嚴正關注。網紅產業的發展故事就用這種方式進一步證明了運動人士幾代以來一直在傳遞的訊息：美國社會過於疏忽女性化的職業，也只能付出沉重代價。

把真實性發展成產業

本書的重點在關注網紅產業的動態，網紅產業的興起助長了前述的勞動形式，並為它賦予了價值。網紅產業會對那些自我認同是從業者（例如專職經營 Instagram 的人）和無此認同的一般用戶進行量化、排名和商品化。對於什麼是影響力、影響力如何運作，以及影響力為什麼重要等主題，網紅產業所認定的概念一方面會決定一個人或是一項文化產品的成功意味著什麼（某個人的 Instagram 故事能為這件衣服帶來多少銷量？），同時也會斷定他或它們究竟會不會成功（某個人的 Twitter 粉絲數是否夠讓他成為書籍作者？）。現今影響力已經成為商品，個人會培養影響力、公司會確認影響力的大小、所有人都會利用影響力獲取物質利益——在這種時代，了解影響力的產生動態確實是迫切的課題。

接下的章節會詳細探討網紅產業的各種動態，不過我將在這裡暫停一下，說明雖然這些動態的細微差異十分重要，不過促使它們集結的意識形態和經濟方案也同樣重要，而這些都牽涉到建立和選擇什麼是有威信的「真實」聲音。網路領域的真實性在近年來引起學界和公眾的極大興趣，但是大多數人不是從產業的角度來描述。媒體學者潔薩・林格爾（Jessa Lingel）注意到許多有關網路真實性的討論都是因為「隱約了解到……社會生活的規則和規範限制了人們充分表達自我的能力，線上的互動反而讓人們得以用新的方式發現彼此，展現自己在性別、種族或性傾向方面的自我表達」。[84] 林格爾注意到這種描述的內涵相當複雜，最值得注意的是，人們主張網路有真實性，但有時候卻成了表象，讓人

們嘗試換上另一種身分，好強化他們的自我意識，或是說服其他人以獲得某種形式的利益。她舉了一個令人難忘的例子：在「阿拉伯之春」期間，有一名美國白人男性在網路上冒充敘利亞婦女，因為他相信「自稱是敘利亞的酷兒運動家（而不是喬治亞州的政治評論員），將使他的部落格更引人注意，也更可信」。[85]

女性主義媒體學者莎拉‧巴內特—維瑟（Sarah Banet-Weiser）強調真實性的本質和目的之間存在緊張關係，她認為真實性「是一種象徵性的建構，即使在充滿懷疑的年代，還是有其文化價值……我們會想要（事實上，我認為我們也**需要**）相信生活中存在著受到真正喜好和情感驅使的空間，它置身消費文化之外，也超越了利潤率降低和資本交換這樣的俗事」。[86]林格爾也認識到這種緊張關係，她強調形塑個人品牌的現象，還指出「無論你是重要名人或是普通的上班族，自我推銷和網際網路之間的連結都有特殊用意，這突顯了我們在線上的自我常常是表演和建構到了這等地步（而不是天生或自然的）」。[87]的確在網紅產業中，個人真實性所能取得的成功和意義依不斷變化的規則和可用的工具而定，而這些都是在利潤的壓力下創造出來的。

媒體和文化史學家佛瑞德‧特納（Fred Turner）在 2019 年的一篇文章中，反思了網路真實性的理想和我們用來表達真實性的技術基礎架構之間的衝突。他認為今天的社群媒體巨頭根據的是矽谷和政治左派那套根深蒂固的信念，也就是如果「要建立更平等的社會，關鍵在於釋放個人的聲音、表達不同的生活經歷，以及以共同的身分為中心去形成社會群體」。在公領域主張真實的自我有助於社會進步，例如說出受歧視和壓迫的親身經歷有助於推動二十世紀的公民權利、婦女權利和同性戀權利運動，這個行動

闡明了個人和這場爭取法律公平待遇的戰鬥有什麼關聯，並讓人有機會體驗到這點。但如果是在私人、營利性質的網路媒體科技領域，公開分享「真實」自我的社會效益就不是那麼明顯了。依據特納的觀察，「使用者資料現在都已經最佳化，會自動賣給廣告商和其他媒體公司。電腦會以光速跟踪對話並擷取模式，藉以賺取利益。社群媒體既會引發溝通，又同時監視溝通，這不僅是將人人均可做到個人化表達的夢想轉化成財富泉源，也將其轉化成一種新型威權主義的基礎」。[88] 我們將在後續章節看到最近的發展證實了特納的擔憂。

　　社群媒體一邊發展，一邊吸引了數十億全球用戶，改變了線上資訊的本質和內容，[89] 網路影響力是一種可以量化的產品，由吸收了學術理論的廣告商和行銷人員為它賦予意義，讓網路影響力成為重要的社會和經濟資本。媒體和技術的危機與創新、對名人和創業文化的崇拜，再加上嚴重的經濟不穩定，三者共同催生出的產業帶領著網路的社群及經濟市場前進，還溢出網路世界，更廣泛地形塑了人們對世界的體驗。下一章我將探討網紅產業真正建立起來的那幾年，當時的參與者做出了一些意識形態和商業上的決定，使得該產業走上特定的道路。

第二章
為交易型的產業設定合約條款

《女裝日報》雜誌（Women's Wear Daily，WWD）在 2006 年二月的一篇文章中，報導了在紐約時裝週上「占領了走秀現場的部落格」。[1]這篇一千字的文章試圖討論在時尚界中新現身的部落客，包括他們在時裝秀會場和產業聚會中實際現身，以及他們這一群「局外人」如何靠著網際網路成為公認的權威人士。這篇文章認為部落格代表一種「民眾控制」文化的大眾化過程，此觀點獲得當時大多數學者和產業專家的認同。作者的觀察並不新穎：「對部落客的刻板印象就是一個寂寞的靈魂坐在臥室裡，把她內心的想法發送給所有可能在網路空間中閱讀這些文句的人。不過主流已經越來越接受部落格了。」[2]

《女裝日報》是時尚產業的核心出版物，努力讓讀者了解這些正在發生、看起來也很重要的轉變。這些以專家身分坐在時裝秀前排的部落客大多是沒有什麼傳統產業經驗的年輕女性，她們

未來會怎麼發展呢？此現象給人的感覺是，人們想像中的那道根深蒂固的產業邊界似乎被打破了。但是她們的存在對產業和更廣泛的文化有什麼意義呢？這需要花個好幾年，並且經歷徹底的經濟和產業動盪之後，觀察者才能開始釐清複雜的答案。不過，作者所說的這句話很顯而易見：「在一個難以得知真相的世界裡，部落客將自己視為說真話的人。」

產業的齒輪開始轉動

我們今天認定的網紅產業是在 2000 年代中後期發展起來的，歷經了技術、文化、經濟和工業因素的完美風暴，也立基於幾個世紀以來的知識史。這個產業在全球金融危機之後的幾年中急劇成長，有抱負的知名媒體和行銷專家開始有意無意、時而合作時而對立地一起努力重塑自己的職業生涯，並且在經濟衰退後的「後廣告」及社群媒體時代訂立準則，主導文化的產出方式。那些決心在職業上取得進步（或是至少不要完全退出勞動力市場）的人建立的技術性基礎設施、社群規範、商業流程和商品，構成了網紅產業。

在研究的每次訪談中，我都會邀請參與者說出他們的職業故事。他們是如何取得今天的地位？不論受訪者的年齡、專業和背景為何，幾乎所有人都會把自己目前的地位回推到 2000 年代末期的經濟衰退。Boldstreak 經紀公司的創辦人潔西·格羅斯曼（Jessy Grossman）說：「我的第一份工作是傳統公關，但那時是 2008 年，所以我只做了五分鐘。」布莉塔妮·漢納希（Brittany Hennessy）身兼作家、前部落客、赫斯特數位媒體（Hearst Digital

Media）的網紅策略高級總監和合夥人，她在接受我們的採訪時回憶道：「我想要在雜誌社工作，但那時是 2000 年代中後期，沒有人會僱用我。」

就像上述《女裝日報》的文章所寫的，在社群媒體時代，有可能用創作帶來變革的人之中，部落客是最先獲得公眾關注的一群。不過，當大眾媒體把焦點放在「部落格與雜誌」的敵對關係時，其實真正的緊張關係是存在於部落客／初代網紅與日益壯大的行銷中間人之間。這些中間人是靠著鞏固及改良網紅與廣告商的關係以從中獲利，並在規畫社群媒體行銷空間的發展中成為「掌權人物」[3]。

這種新型態數位行銷公司迅速出現，並發展出許多商業模式。有些公司會建立專營的網路市場替網紅和品牌提供交易機會，讓網紅和品牌在同一個平台註冊，找到彼此，並參與付費活動。行銷人員會在這些平台上用關鍵字搜尋，找到網紅的個人檔案，其中會詳細列出網紅的指標，包括專精的內容（例如「永續性」和「旅行」）和帶來銷售的能力。也有公司會代表廣告客戶（企業）直接聯繫網紅，以確定當企業有適當的品牌合作機會時，可以直接與哪一群網紅接洽。代理公司選中網紅之後，會有專業行銷團隊在背後支持網紅的個人品牌，並找到網紅與零售品牌的關係。就像是傳統的好萊塢藝人經紀公司一樣，這些公司會尋找他們想要代表的社群媒體名人，並管理這些人的職業生涯，包括尋找交易機會和談判、用品牌關係和活動培訓網紅，並提供整體的職業指導。

這些公司對自己的定位是幫助獨立工作的內容創作者用熱情賺錢，而且可以肯定的是，合作對各方都有經濟上的吸引力。不

過在個人品牌的塑造、製作內容所需的勞動力、影響力和真實性的意義和價值等方面，他們和早期的網紅通常還是有些差異。本章的其餘部分就在探究這些利益關係人在創造網紅產業時，是如何引導這些令人憂慮的概念，同時也說明了他們這幾年的主要成就是定義和實現了「可見度是經過培養的但仍屬真實」這種產業邏輯，以及宣傳評量指標和「以自我為賺錢工具」的價值。

　　早期的網紅和販賣影響力的人對工作有不同的優先事項和假設，但是他們有共通的懷疑和樂觀，即社群媒體、行銷和創意自我表達的主軸就是有錢可賺、創作自由和創新。網紅產業在2000年代末和2010年代初有來自各方的新進者加入，呈指數擴張。[4]隨著網紅、行銷人員和品牌的日常工作走向打造、行銷和利用社群媒體人物，一套內部的規則便出現了。透過有時過程相當緊張的協商之後，這些早期的網路影響力專家得出四個重要定義，為網紅產業設定了方向。

品牌即人，人即品牌

　　雖然長期以來，行銷人員和學者一直在談論要讓商業品牌變得更像人，[5]但是直到二十一世紀的廣告業想要解決「消費者越來越不理會廣告」[6]的問題時，他們才特別朝這個方面努力。廣告學者邁克爾・塞拉齊奧（Michael Serazio）也觀察到「廣告商對影響力下的工夫越明顯，我們反而越會過濾他們的訊息」。[7]針對這個情況，廣告商和行銷人員想出了無數方法要讓品牌人性化，不論是舉辦派對或投入社群活動。而同時，尤其是在網路經濟中，培植**個人的**品牌對於職業成功也變得越來越重要。[8]部落

客、品牌和行銷人員在 2000 年代開始一起有組織地合作，因此需要找到共通的語言和開展業務的價值體系，而「品牌」就成為答案。「品牌」不是人，但是也無法脫離人。[9] 於是便同時發生了自我的**瓦解**和企業品牌的**建立**，讓他們達成共識，能夠投入他們創建的市場，並進行交易。

讓公司煥發生機

打從一開始，網紅行銷就有項指導原則：用一對多模式跟客戶連結的時代已經結束了。一位廣告觀察家也在《廣告週刊》（*Adweek*）上說：「人們希望品牌**與**他們交談，而不是**對**他們發表言論。他們不再認為品牌理應向他們推銷，而是應該為他們提供娛樂和資訊。」[10]

Instagram 行銷分析公司 Dash Hudson 的創辦人湯姆・藍欽（Thomas Rankin）解釋說：不論公司的規模或行銷目標的具體情況如何，主要的問題都在於「如何透過精彩的內容與消費者真正產生連結，並加深與人的關聯」。社群媒體讓品牌的「品牌價值」（或者用來識別其公司和吸引注意力的詞彙）用前所未見的方式轉化成「人的個性」。

許多人認為這是傳統口碑行銷的強效進化版。廣告行銷公司 The Berger Shop 和 HYPR 的創人萊恩・伯格（Ryan Berger）很早就加入網紅行銷，他認為「口碑是世界上最古老的行銷管道，因為只要有人說有人聽，就行了。但是當科技將口碑擴大，發展方向就變得非常清楚，口碑可以傳得更有效率、更快，讓更多人聽到。我們不像是在打擾人們，而是在提供一種價值，讓這種想法成為人的世界和生活的一部分」。

為達到這個目的，品牌必須努力澆灌網路上的「聲音」。行銷專家鼓勵品牌自問：「如果我的品牌是一個真人，那會是誰？聽起來會是什麼樣子？」[11] 伯格說這樣的機會「用不同的方式將品牌帶進文化中」。讓品牌成為一個「人」在社群媒體中與真人互動，公司就取得了和朋友一樣的社交地位，也具有類似的影響力——或者說至少希望如此。這使得大多數流行的社群媒體平台在早期並沒有區分企業帳號和個人帳號，每個人都只是「用戶」，在彼此互動。

確實，就像是女性主義媒體學者莎拉·巴內特—維瑟所觀察的，「建立品牌，就是與消費者建立情感上的真實**關係**，這種關係就和兩個人之間的關係一樣，有賴記憶、情感、個人敘事和期待的累積」。[12] 替一名美國設計師做行銷的瑪麗亞（Maria）* 提供了一個例子，說明該設計師的品牌是如何「取得人的屬性」以及與消費者建立連結，背後的社群媒體策略是：

> 我們在布里克街（Bleecker Street）的商店舉辦了一場活動，名叫「豹豹豹」（Leopard Leopard Leopard）。由時尚部落格 Man Repeller 的萊昂德拉·梅迪恩（Leandra Medine）和我們的創意總監辦了一場對談。活動有現場直播，我們會觀看並關注直播中的討論，密切關注熱烈程度，留意人們看起來對於談話內容是否感興趣。那個週末，我們與美國愛護動物協會（ASPCA）合作，在商店舉辦一場大型活動，以豹紋裝飾整間店的外牆，我們還特別強調豹紋產品，並製作了豹紋貓床。如果您向 ASPCA 認養一隻貓，就可以得到那張貓床。所以就有了這個豹紋主題的活

動。我們可以看到有多少人轉發這個活動，有多少人發表像是「我真希望我人在那裡，這個活動會來我的城市辦嗎？」⋯⋯我們會看它是否具有病毒式行銷的效果。

瑪麗亞指出她的公司品牌價值包括「提供娛樂、成為完美的主辦人，並舉辦派對」。這個品牌用舉辦活動的方式，讓目標受眾和他們會感興趣的人與事業取得連結（例如當時的流行時尚部落客，和大致上不存在爭議的慈善機構），讓品牌在公眾眼中變得有人性，對受眾而言更切身相關、容易親近而且有趣。此外，該活動還提供機會，以視覺上有吸引力的方式突顯他們的產品，並以親切友善的語調在線上分享整個體驗，讓品牌能夠與現有和潛在的客戶接觸得更深入。

讓個人公司化

品牌努力在社群媒體上為自己塑造像人的人格，而社群媒體上的個人則是努力把個性簡化和提煉成容易理解的個人品牌。在當時的經濟動盪之下，個人品牌作為確保財務和社交穩定的手段，似乎越來越有吸引力。[13]

網紅在訪談中會將個人品牌之路形容為實踐紀律。他們必須選擇和放大自己的一些面向，投射成受眾容易理解而且具有凝聚力的品牌聲音。部落客卡麗莎（Carissa）* 提供了說明：「我會試著盡我所能，在進行數位創作時呈現出我在真實生活中的性格⋯⋯當你在網路上看到時，那會很生動。這些創作內容都很正面，都在講陽光和旅行，讓生活就像是二十多歲時那樣輕鬆。當你見到我本人時，我也差不多是那樣。我想內容就是這樣打造

出來的。」同時卡麗莎也解釋說：「當然，總有一些東西要過濾掉，因為這也是我的工作。」

對網紅來說，重要的還有讓廣告商認為他們的個人品牌是可能的合作夥伴，或是有助於傳達廣告商的品牌訊息。除了創作足夠吸引人的社群媒體動態之外，他們也會借用傳統媒體產業的工具（例如媒體資料袋〔media kit〕）。媒體學者阿圖羅・阿里亞加達（Arturo Arriagada）指出媒體資料袋將個人品牌精簡成易於掌握的重點，也是「評估和評價」網紅的重要工具。[14]

斯凱拉（Skylar）* 解釋說：「如果我用媒體資料袋解釋我的品牌，我會說這裡就像是女性在需要姊妹淘時可以求助的平台。」接著她會把媒體資料袋裡的精簡語言開展成比較複雜的個人史：「我在高二搬到德州，周遭的每個人都有自己的小團體了，我很難適應，所以我其實都在讀部落格和看 YouTube 影片。我有一點把內容創作者視為我最好的朋友，我覺得我已經認識他們了，因為他們會和我分享生活中的點點滴滴。當然我不認識他們……但是我喜歡它為我做的一切。所以，當我開始寫部落格時，這些也是我想做的事。」

網紅也承認，儘管他們看起來很坦率，但是個人品牌必然是模糊的。人的性格過於複雜和矛盾，無法如廣告商要求的那般清晰、一目瞭然，因此兩者之間難免出現距離：**這是我，而這是我的個人品牌**。在社群媒體建立個人品牌通常等於創造了一個自我的化身，一個披著「真實性」**幌子**的化身。[15]

阿蘭娜（Alana）* 是頂級的時尚和生活類網紅，原本是投資銀行家，在 2000 年代轉型展開時尚類寫作，當時網紅行銷也剛開始發展。我們在 2016 年第一次採訪她時，她說原本不願意稱

自己是「部落客」或「網紅」，或是在網路上建立個人品牌，但是她後來意識到：在社群媒體時代的創作經濟中，以視覺為導向的個人品牌才是取得成功的必要條件。

> 我住在洛杉磯，我想說：「好吧，我看到的所有女孩子日落時都穿著比基尼在海灘上擺姿勢，還在草地上打滾。」所以我想：「噢，這就是我需要做的事。」我也這麼做了，但是我對這些感到有點奇怪，因為，首先這不是我會做的事。（笑）我不會在草地上打滾，不會談論日落，不會做白日夢，我不是那種人。這讓我很不舒服……當我理解到為什麼，我也意識到，你知道，我必須嘗試不要再成為這些女孩子的樣子，所以我有點像是退後一步。我和某個人談，她說：「妳有令人驚嘆的公司背景，妳很聰明，還有許多堅定的觀點，所以妳為什麼不試著做自己，而不是成為另一個穿著比基尼在海灘上打滾的洛杉磯女孩呢？雖然這樣說可能不太好啦。」我回答她：「是啊，真的是這樣。」於是我便不再這麼做了，有點像是三百六十度的大轉彎，我變回我自己。當然是我自己的加強版，但還是我自己，只是經過強化。所以我會經常談論職場套裝、放許多我工作的照片，看起來就像是我正在征服世界。這樣起了作用，我也很高興，因為我不必再假裝成別人。其實我在家還是穿著寬鬆的運動褲……但是回到比較早期，如果你去看的話，畫面上都是很多講究的服裝，看起來就像是成功的女主管。對我而言這招也真的奏效。

在「一個越來越多人成為自由工作者，而且必須創造商業模式養活自己的世界」[16]，社群媒體上的個人品牌成為答案，個人也越來越認為自己是在經營媒體事業，而不只是「為了興趣、為了自由、做自己」。[17] 許多網紅向我解釋他們為了保有「真實」而做的努力是多麼真誠，不過他們也會採用傳統媒體公司長久以來的作法，例如仔細檢視受眾的統計數據，據以調整他們的品牌。阿蘭娜回憶起和一位品牌專家合作發展社群媒體的經驗：

她說：「有些事情聽起來更讓人有信心，更能引起你想要的那類型女性的共鳴。」所以我們就往那個方向發展。幾個月後就完成了視覺設計，我們也換了部落格名稱。老實說，做出這種改變之後，覆蓋範圍和追蹤率就呈現爆炸性增長，因為與女性需求產生了共鳴。

諷刺的是，阿蘭娜觀察到「當妳變成自己，人們看到的是**她並沒有試圖偽裝**」——用品牌的語言表達時更是如此。

品牌交流

在行銷人員的協助下，企業品牌和個人開始理解他們是網紅市場中同類型的商品，因此比較能夠確定洽談贊助時誰與誰搭配可能在經濟和名聲上都能獲益。他們會和傳統媒體公司使用相同的品牌「聲音」語言，也同樣會檢查受眾的統計數據和互動率，以決定品牌的「契合度」，即合作夥伴關係是否合適。

卡麗莎是部落客和 Instagram 網紅，此外，她還在一位美國時裝設計師的網紅行銷團隊中有份全職工作。當她以網紅身分替自己洽談品牌時，她說「我會研究，會看所有品牌的社交平台。我會了解他們的互動狀況，以及他們的企業進展。我喜歡和女性

老闆或女性創辦的企業合作。還有許多條件，像是我會有共鳴的事、我覺得符合品牌形象的事，或是我相信值得的事，這些我都會考慮」。她繼續說：如果是要為僱主尋找合作的網紅，「我的確會考慮網紅的個性，也會看他們如何用創作來呈現我們的品牌聲音，不過也要有特殊方式讓品牌聲音成為他們自己的聲音，這樣才能夠與網紅的受眾產生連結」。

個人和廣告商要打造可以賺錢的品牌，當然需要相當多的努力和時間（根據某些人的估計，每週需要花費八十到一百小時），[18] 不過許多受訪者強調：如果這類關係需要太多**努力**，也可能意味著網紅的品牌和廣告商的品牌並不匹配。安妮特（Annette）＊是數位原住民的女性時尚品牌行銷總監，她說：「我真的不希望和女孩合作時，得強迫她們創造她們不想創作的內容。我希望合作的女孩真心認為這是了不起的品牌，她們要喜歡這些衣服，也喜歡與我們合作，這是一種關係——幕後的情況的的確就和社群媒體上一樣。」

個人和廣告品牌都在努力加入網紅市場，他們也會調整自己的身分和表達方式，以配合彼此，也配合他們認為理想的受眾。艾麗卡（Erica）＊是網紅行銷專家，她也透過社群媒體上的個人品牌賺錢，她說情況已經發展到「有些令人驚奇的地步，人就是品牌，完全可以靠著這一點在網路上全面發展業務」。同時，她也擔心這種情況持續下去，她若有所思地說道：「看到這種成長其實有點可怕，因為⋯⋯那看起來會是什麼樣子？」

粉絲是一種資產

　　新興網紅產業中的人將某些人和公司重新界定為反映個性的品牌，而同時，他們也開始將沒有面孔的社群媒體「受眾」看作經濟資產。這也符合媒體公司將受眾視為商品的漫長歷史軌跡。[19]2000 年代的新興網紅生態系統經常提及「受眾」的概念，但是鮮少有人細問。不過，各利害關係人對待受眾的方式，以及對受眾的想像、培養和衡量，確實影響到網紅從業餘部落客轉向專業的跨平台個人品牌、從不支薪轉向有廣告商贊助的工作者、從邊緣轉向優勢的文化力量。此外，網紅、行銷人員和品牌對於將粉絲視為經濟資產的回應方式，也揭示了他們對社群媒體時代的創作和自我表達的目標有不同信念。

從舊媒體產業引進想法

　　媒體學者洪宜安（Ien Ang）等人描述「建制觀點」在整個二十世紀都影響了大眾媒體產業如何面對受眾。[20]這種觀點暗示媒體受眾是沒有面孔的群體，各種經濟和文化的想望、期待和政策都可以投射到他們身上。[21]媒體和公共政策學者菲力普・拿坡里（Philip Napoli）所寫的文章提到，受眾是媒體組織「以特定方式（使用的分析工具及觀點可以反映其需求和利益）」所定義的經濟資產。[22]

　　網紅產業延續了主宰二十世紀的大眾媒體產業的傳統，以評量、分析和向廣告商提供社群媒體的受眾來推進自身發展。比起電視等媒介觀眾的習慣，社群媒體受眾的數位軌跡顯然更容易收集，所以可以在更個人化和更精細的層面進行產業的評量及分

析。行銷人員、網紅和廣告商在思考社群媒體受眾時,核心概念就是與受眾的「互動率」,包括點擊、購買,以及媒體內容對受眾產生**效果**的其他可量化指標。[23]

影響力行銷人員透過 2000 年代和 2010 年代的語言和作法,鼓勵新嶄露頭角的網紅遵循他們的「經濟及策略要務」,[24] 也協助引導這個新興媒體,以支援個人用戶成為微型媒體公司,並樹立規範,讓用戶產生的內容能夠獲得廣告主的資助。不過網紅希望與粉絲有更多個人互動,而行銷人員和廣告商則鼓勵較為簡化、順暢和有策略的作法,因此兩者之間出現了緊張關係。

與受眾互動:創造力與策略

大多數網紅在訪談中都說自己首先是有創造力的人,又剛好能夠靠這些創作動力謀生。設計師兼生活型網紅露西亞說:「我一直比較是創作型而不是分析型的女孩。所以部落格的走向也會隨著我的生活同步變化。」時尚部落客伊莎說:「我現在想要整天創作。」她繼續說道:「我只想把精神都放在製作美麗的照片和發揮創造力,我必須忠於自己。」

網紅也討論到他們的粉絲在創作過程中扮演的角色。例如,克勞蒂亞就描述她替受眾「盡心竭力」地付出,這是一種更有感情或訴諸情緒的付出。

> 我認為我的受眾面貌之所以是現在這樣,大概可以說是因為我的聲音和我經營部落格的方式。說故事是其中很重要的一個部分。我不是說每一篇文章都是真的在講一個故事,不過我大部分文章的確是⋯⋯我開始寫部落格

之後，真的有嘗試，像是……你知道的，讓它感覺就是我本人。我真的在試著做自己，那些內容都是我自然會想分享的，我覺得人們對它的反應也很好。我希望由我自己和我這個人是誰貫穿整個部落格，因為只有這樣，我才能夠享受這件事。

同時，網紅也說他們會以更商業化的方法、用更有創意的方式顧及他們的粉絲。以城市時尚為主的部落客布列蒂尼（Brittiny）在 2015 年告訴我：「你需要花時間來弄清楚什麼才適合你、什麼不適合你的受眾，他們喜歡什麼、不喜歡什麼，這樣他們才會一再回訪。」露西亞回憶起在我採訪她的一兩年前，她對部落格做了一些創意和策略調整，當時部落格市場已經變得更飽和，她說：「我想這些都只是反映出我想留住讀者。」同時，斯凱拉也說她每年都會做幾次受眾調查，以確保她提供的是受眾想看的內容。

當網紅在思考他們的創作過程以及受眾在其中的角色時，最後描述出來的都是一個創造性和策略不斷協調的情況。網紅認為，尊重他們創作的滿足感和衝動（「忠於自己」）是他們做出決定的最終驅動力。不過他們也承認，他們的確希望（基於職涯的目的也需要）內容能與觀眾產生共鳴。

而另一方面，行銷公司則是對網紅的創作性質和社群媒體受眾在其中的角色明確表態。這些公司在 2010 年代中期的採訪、網站和其他公開的行銷資料中，都是以下列兩種方式描述網紅：網紅要不是以效用好且商業性的方法進行創作的「發表者」或「內容創作者」，不然就是「通路」，需要「活化」以滿足零售

品牌的需求——以這種合理化的說辭完全消除網紅的個人特質。
行銷人員經常將網紅的受眾理解為容器，等著接收品牌準備好傳
遞的內容。（HelloSociety 公司在網站上把這類品牌內容描述成
「有專業品質、平台打磨到最好的內容」）網紅的創造力既受
到鼓勵，也受到限制。一旦某人成為有號召力的「網紅」，她
的角色就是「受到信賴的媒體財」（借用 theAudience 公司的說
法），得在各平台提供一致且持續的內容。HelloSociety 進一步
解釋說：網紅的目標應該是製作符合某些指標的內容：

> 成功的社群媒體活動意味著不斷監控您的受眾，並在不
> 影響品質或真實性的情況下改變內容、聲音和網絡。透
> 過我們的所有網絡，甚至是對合作夥伴屬性的詳細分
> 析，我們可以幫助品牌和網紅共同實現他們的目標。

行銷公司形容網紅是可以分門別類做統計分析的資料庫，唯
有將創造力用於有效和實用的目的時，他們才變得重要。公司的
說法清楚顯示在社群媒體時代，要能夠「讓自己發光發熱」（就
像是露西亞在我們的採訪中所說的）、成為品牌的代言人，才是
成功的創作者。

訪談的核心主題之一便是摸清這種緊張關係。許多網紅偏好
與受眾保持私人連結，這讓擬社會關係（parasocial relationship）[1] 屬

---

[1] 編註：「擬社會互動」（parasocial interaction）的概念來自美國社會學家 Donald
Horton 和 Richard Wohl，指聽眾觀眾對於節目主持人、明星等大眾媒體的演出
者產生心理上的熟悉親近感，感覺有如朋友。但聽眾觀眾實際上並不認識演出
者本人，因此這種人際關係是單向且不實際存在的。

於單向關係的想法變得複雜了起來。米蘭達（Miranda）說：「當我看著我的受眾，我會覺得他們就像是我的朋友。我和這麼多從未見面的真人產生了連結。我每天會和大約十五個從沒見過面的女孩子交談，我會把她們當作我最好的朋友……所以每當我發布貼文時，我是真的想幫助其他朋友。」

內容行銷的執行長兼資深美妝部落客潔德‧肯德爾—戈德博特（Jade Kendle-Godbolt）說她希望受眾感受到「她有一個很大的平台，而且會談論我所關心的事。她會談論我們在每一天的生活中，作為女性、母親、黑人以及其他身分要經歷的好事和壞事……讓我們對受眾保持真誠吧」。

網紅既要培養和關心他們的受眾、珍惜私人連結，同時也要讓這些人事物能在市場中發揮作用。網紅在訪談中回答「誰是你的受眾？」這個問題時，的確經常會依靠統計數據和人口統計，像是卡麗莎就說：「我的受眾主要是高中生到二十多歲的女性，不過我也有一些很忠誠的媽媽粉絲。我有很多來自東岸的粉絲，不過我的主力城市還是紐約、達拉斯、費城和芝加哥」。

最後，雙方對於要如何理解社群媒體受眾的攻防，顯示了雖然網紅不希望忽略這個議題的細微差異，但是產業最終還是將長期以來的行銷作法延續到網路領域：「友誼成為原始商品，和所有資源一樣，都可以化為工具。」[25]

影響力可以衡量，也可以營利

參與了新興網紅產業的人意識到他們提供的產品必須有清楚的定義，才能夠長期穩定發展。如果要表達在社群媒體上的（個

人或企業）品牌及受眾的經濟和文化潛力，網路影響力是很方便
的概念。在過去數十年中，行銷人員和學者在研究和使用影響力
時，都是用定量衡量，不過到了這個時代，已經出現了方便用戶
使用的社群媒體技術和指標工具，可以對影響力提煉出特定的概
念，這個概念具有意義，而且廣泛傳播。網紅會使用 Google 分
析（Google Analytics）之類的工具，以及 Twitter、Facebook 和後來的
Instagram 等平台提供的個人分析資料。網紅行銷公司也會設立
自己的專屬平台（通常會收取訂閱費），追蹤數千，甚或數百萬
潛在網紅的各項指標，再進行大規模的網路影響力評估。

　　最初是一家叫作 Klout 的公司提出了網路影響力可以追蹤、
評量並拿來賺錢的想法，並付諸實踐。Klout 在 2008 年開始運
作，宗旨在於追蹤每個人在線上的影響力並進行排名。該公司的
技術會梳理社群媒體數據（主要來自 Twitter），並根據許多要
素（包括粉絲數量、貼文頻率、朋友和粉絲的 Klout 評分以及收
到的按讚數、轉發數和分享數）替每個用戶打分數。不被評分的
唯一方法是在 Klout 的網站選擇退出──這表示，就算社群媒體
用戶不知道 Klout 的存在，還是會被放進該公司的資料庫中。分
數夠高的 Klout 用戶有資格獲得「額外補貼」，或是可以和一些
願意提供免費商品以換取「有影響力的」網路好評的品牌建立連
結。Klout 的高層認為該公司是要讓品牌可以按圖索驥找到「社
群中隱藏的網紅」，他們展望的未來是「擁有很高 Klout 分數的
人可以更早登機，免費使用機場的 VIP 休息室，入住更好的旅館
房間，也可以在零售店和快閃店獲得大幅折扣」。[26] 該公司的一
名副總裁說：「我們會告訴品牌哪些人是他們最應該關注的人。
至於想怎麼做，就取決於他們自己了。」[27]

作家兼行銷人員馬克・薛弗是 Klout 及其競爭對手（例如 PeerIndex）的粉絲，他相信這種社交評分代表社群影響力已經是「人人可得」了。[28] 不過實際上，這類服務往往會帶來歧視。Klout 的方法論受到嚴厲批評，媒體也流傳著一些令人擔憂的故事，例如求職者因為影響力分數太低而遭到拒絕。[29] 該公司在 2014 年賣給 Lithium Technologies，評分服務也在 2018 年永久停用。

雖然我採訪的行銷人員堅稱他們並不是受到 Klout 的啟發才創辦了以影響力為基礎的企業，不過 Klout 的初步成功的確促使人們相信「一般人」就可以利用他們的社群媒體粉絲獲得商業利益。此外，Klout 還替口碑行銷的數位化指明了道路（廣告行銷公司的創辦人萊恩・伯格曾說明這種特別有效的行銷形式有多重要），並證明了扮演中間人角色的公司有其市場，可以將個人和品牌湊對，進行廣告和宣傳活動。

對影響力的評量

行銷人員、網紅和品牌會切換不同的影響力指標，以決定哪一種指標最能夠有效掌握個別網紅的價值。早期認為用社群媒體賺錢要優先考慮粉絲數量，即「數大便是美」的理論。不過，這一點很快就被更具體的衡量標準取代了，例如轉換率（conversion）和關鍵的**互動率**指標，即受眾的點擊、觀看、按「讚」比率，或是其他線上證據顯示他們不僅看過，還與內容**互動**。但是數位媒體學者南希・貝姆（Nancy Baym）指出社群媒體互動率的衡量方式普遍都有問題。[30] 其實對於各種指標的重要性、準確度和適當使用方法，網紅產業的相關人士也不乏意見相左的時刻。

　　早期的網紅行銷公司會強調創新性來論證其指標的首要地位（進而證明該公司的存在價值）。他們會吹捧自己有獨特的尖端指標技術：Style Coalition 網站聲稱自己的平台是「業界第一」，它們會提供「經過驗證的統計數據」「來檢視不同部落格和社群平台的粉絲及追蹤者」，以衡量網紅的觸及率和影響力。這些公司也會大肆宣傳它們的觸及率：theAudience 網站宣告他們「以獨特方法結合了創造力、專門技術、放大網紅聲量的效果，使藝術家和品牌能夠在流行文化中合作，共同向十幾億消費者發布內容」，他們還吹噓自己的後台能夠「大規模管理社群發布過程中的每個階段」。

　　我採訪的每位網紅都描述了自己對影響力指標的理解和應用策略，而當她們形容自己和指標的關係時，都有一道隨著時間伸展的共通弧線。就像是克勞蒂亞所形容的，最初她們會十分「執著」，一直想知道她們的內容表現如何，也會檢查分析的結果（通常都可以透過 iPhone 應用程式隨時檢查）。後來她們會經歷一段領悟期，決定應該重新以自己的創作觀點為主，好好達成個人和職業的成功和成就感。最後她們會決定減少對數字的情感依附，只是偶爾檢查、了解一下正在發生的事，表現出一種重新取得控制權的感覺，並在充分的資訊下根據數字做出既理性又以創造力為本的決策。

　　克勞蒂亞在 2015 年接受我們的採訪時，正處於要轉向取得「控制權」的階段。她說：「我在試著真正放下數字，純粹喜愛我發布的內容，做好我的工作，不要管後果如何……我剛剛發現，其實沒有什麼方法能夠真正判斷出怎麼樣才是好的。」不過，她繼續說道：「話雖如此，就像我現在還是要面臨 Pinterest

的全面檢視。我的確還是會去想哪些方面表現得很好，哪些方面表現不佳，以及為什麼。」

我們在同年第一次與伊莎交談時，她無疑正處於感到自己掌握控制權的階段。在近十年的部落客生涯中，她處理過大量網路騷擾，這讓她對於應該多麼在意部落格的讀者，有自己堅定的觀點。她說：「我還是會想大致了解事情進展得如何，但是我也會想，好吧，**就不管了**。你知道嗎？真的就是這樣。」伊莎強調她與忠實讀者的情感和互動至關重要。她偏好和讀者交談，了解他們喜歡什麼。她解釋說：「對於行銷，我是個忍者；但對於指標，我是個嬉皮。我會大致了解讀者對於某件事的感覺，因為我會看留言，我也有一些通常會得到的按讚數，大概就是這樣了。但是我也很固執，會做我想做的事。我的部落格就是寫一些會讓我快樂的事，就是這樣……因為我真的覺得有太多雜音想要讓你變成別人在談論的東西。」

伊莎所指的「雜音」並不是只有「黑粉」的批評，[31] 還包括產業的說詞，產業會試圖引導網紅去關注某些類型的交易，以及獲得這些交易的方法。我訪問過的網紅如果曾經與網紅公司合作過，都會覺得這類關係很值得擔憂，例如露西亞在 2015 年就形容這種關係「非常混亂」。網紅和行銷公司有明顯的權力鬥爭——網紅會對影響力指標感興趣，但是也越來越努力擺脫這些指標，轉與受眾互動，而行銷公司則會敦促網紅和品牌接受他們的指標和管理服務。

這場鬥爭顯然是圍繞著社群媒體受眾進行的，但是已不再用先前的模式去衡量受眾了。例如，數十年來業界一直用尼爾森（Nielsen）收視率和票房收入等工具來衡量廣播、電視和電影的觀

眾，但結果卻往往變幻莫測。低收視率通常會導致電視節目停播，但也並非總是如此。電影票房慘澹通常會被當作失敗，但是也有許多電影和電視節目在推出時被認為很糟或是不入流，後來卻被小眾支持者奉為神片，或是在之後的幾年中強烈影響文化產出。研究流行文化的粉絲後，學者發現觀眾通常是透過個別關係去來來回回，影響製作，而不是透過量化。[32] 但不論是大眾媒體的評量工具，或是粉絲與製作人的交流，都無法捕捉到**真正置身**受眾中的每一個人。

數位媒體學者南希・貝姆曾提出一段正確的意見，指出在2010 年代初期的網紅產業中，「演算法已經扭曲社群媒體指標，方式是透過推薦或自動編輯動態，使某些訊息和用戶排在其他訊息和用戶之前」。[33] 人們仍然認為每一名受眾都會被觀察，每一次點擊和按「讚」都會受到追蹤、統計和分析。接受我訪問的網紅都會儘量謹慎使用這些數據，不要用數據來定義自己。不過同時則有其他人想直接用數據來決定內容的製作。

用影響力賺錢

影響力唯有能夠評量，才能夠塑造成商品，並賦予貨幣價值──影響力就是以營利為目標，尤其是考量到 2000 年代末期動盪的經濟環境。在早年這些日子，品牌和行銷人員會找到部落客和其他社群媒體用戶去展開一段職業關係，並告訴這些用戶，他們有方法看出自己的網路影響力，也應該這麼做，然後用追蹤數賺錢。生活與設計類網紅露西亞在回憶早期與一間網紅公司的關係時說：「我好像是他們贊助的第三個 Pinner（Pinterest 用戶），當時我什麼都不懂。真是尷尬。我還在想：『噢，會有人

付錢給你嗎？』」

　　雖然網紅和網紅公司都有賺錢這個目標，但是這時他們實現目標的方法往往存在差異。對公司來說，賺到最多錢才是核心目標，而網紅則寧可認定每個部落格背後都有自己的目標、創作衝動和需求。伊莎說：「當你談到賺錢時，首先要注意每個部落格都是如此不同。」

　　克勞蒂亞解釋道：「你可以選的路很多，這讓我很興奮。我有一些朋友的粉絲數還不到我的三分之一，但是收入是我的三倍，而且他們的網站上甚至沒有廣告，那些收入就是來自有購物功能的 Instagram 等等。我還有很多朋友才剛剛獲得很多粉絲追蹤，所以收入大部分來自廣告。這的確是我目前的目標：繼續打造我的品牌，直到有廣告和贊助商支付我薪水。」

　　克勞蒂亞對賺錢的敘述突顯了網紅追求的一些收入來源，包括部落格上的橫幅廣告、聯盟行銷的連結，以及贊助內容。每種類型的收入都有不同含意。例如橫幅廣告不需要部落客投入創意，只需在網站上出售廣告空間。聯盟行銷的連結對那些經常討論特定產品的人特別有用，部落客就透過讀者的每次點擊或購買賺取少量收入。贊助或合作則最需要部落客付出創意，因為必須讓品牌或產品完全融入他們的內容中。克勞蒂亞的目標是廣告和贊助，而伊莎的大部分收入則來自聯盟行銷和贊助。我採訪的所有網紅都強調他們必須考慮創作傾向和受眾偏好，然後找出對他們來說最有效的賺錢策略。斯凱拉也承認：「經營部落格的一件大事就是研究什麼事能做得好、什麼事做不好。尤其是你投入了那麼多時間，或是要付錢給攝影師、錄影團隊……我當然不想付了錢卻無法得到好處，或是我的觀眾不喜歡。」

　　真實性會決定用影響力賺錢的過程，但是網紅和行銷人員及品牌的真實性通常意味著不同的事情，這點在早期尤其明顯。當網紅面臨越來越多的賺錢壓力時，他們的目標是維持最初將他們帶進社群媒體的創作動力，他們希望用一種讓自己感到純粹的方式賺錢，而不是像在「出賣」什麼一樣。[34] 行銷公司則試圖以公開定位自己的方式證明他們是「真實的」，或是理解創作過程，而未必全是為了利潤。[35]theAudience 與產業保持距離，還宣布「我們會像內容發表者一樣思考，而不是像行銷人員」。RewardStyle 界定他們的工作是在賦能：「為世界上的發表者和零售者帶來力量，讓他們的市場潛能發揮到最大。」其實大部分網紅行銷公司對自己的定位都是「提供幫助」，雖然幫助所指的衡量和賺錢方式並不一定是以所有參與者都同意的方式進行。

真實性的概念

　　影響力要化為商品，是透過標準化的衡量及營利模式，這個過程也彰顯了真實性是網紅產業轉動的軸心。利用影響力賺錢的早期部落客和其他社群媒體用戶是靠著他們與粉絲的「真實」關係來營利，其中的「真實」感有部分是來自他們並**沒有**要從中賺錢。[36] 不過，隨著個人成為營利工具滲透到社群媒體的生態系統中，行銷人員、廣告商、網紅和他們的粉絲也要找到繼續前進的方法。行銷人員的工作並不是確保在網紅工作流程幕後發生的事情「當真」是他「真實的」這個人，只需要看起來是這樣子就行。（就像一位公司高層在接受採訪時說的：「一旦網紅開始說出『嗯，我這樣做是因為這樣才真實』，就意味著真實性已經不

存在了。」）網紅希望能「忠於」自己，但是他們面對的產業現實可能不總是支持這一點。

媒體學者喬治亞・加登（Georgia Gaden）和迪莉婭・杜米特里夏（Delia Dumitrica）在探討真實性、社群媒體和當代政治時，指出歷史中的真實性被理解為「一種過著良善生活的道德規範」。[37] 真實性也與政治參與有關：一個人可以藉由了解自己而理解他人，成為更好的公民。不過，他們也觀察到「策略上的真實性」已經成為各類社群媒體用戶的標準，「強化了消費主義的態度，個人在社群媒體中展現自己就是為了被其他人『消費』」。[38] 真實性與策略的結合不只是社群媒體時代的產物，廣告中的「真實性」已經流行了數十年，最著名的或許是 2000 年代的「多芬真美運動」（Dove Campaign for Real Beauty）。不過，真實性逐漸去政治化（depoliticization），也削弱了它有什麼重要社會意義的概念。網紅產業中的真實性之所以重要，只因為可以被人感受到，並賦予數字及財務上的價值。真實性是能夠引起共鳴的理想，但也是工具。網紅、行銷人員、社群媒體公司和用戶在他們（有意或無意）協助實現這種情況的過程中，都朝這個方向前進。

展現「真實」

在訪談中，網紅將追求真實性的動力描述成他們想要雙重「忠於」自己，也就是，一方面他們創造的是自己有共鳴的內容，二方面是要在網路上真實地呈現自己。如同克勞蒂亞在2015 年的訪談中所說的：

你知道的，那裡有很多人會告訴你……你必須非常專

業⋯⋯不能談論你的看法，你不能對任何事表達意見。
但是對我來說，我就是──不會用這樣的作法。我會覺
得我在說謊。

克勞蒂亞的意見說明許多網紅發現自己陷入了雙重束縛，既
要將自己的動力導向真實，但是又不能真實到趕跑粉絲。[39] 它也
反映了 2015 年的社會政治氣氛，當時普遍期望網紅不要碰觸任
何議題，尤其是政治或宗教方面的議題，那些都可能引發爭議。

然而就和現在一樣，忠於自己和想要真實呈現自己的生活，
並不意味著把所有事都拿去分享。在塑造自我品牌的過程中，展
示的內容必然經過策畫。如果要成為有望成功的個人品牌，從節
奏（發布新內容的頻率）到美學都必須能夠傳達清晰的訊息，並
且有可預測的貼文慣例。黏著度和一致性是其中的關鍵。

斯凱拉說明她為了這個目的而在 Instagram 和 YouTube 上發
布影片時，背後的策略思考和心血：

其實我只是僱了一個人來幫我做幕後工作⋯⋯他會仔
細檢查我的東西，看看哪些效果比較好，或是會與哪
些人互動。他說：「每次當妳分享一些關於日常生活
或者不是那麼完美的照片時，效果都很好。都比其他
內容好。」所以他說：「還是妳就試著開始分享更多
真實生活中的東西？」我們丟出了一些想法，然後我
想：好吧，但是我不確定我在 Instagram 上放這種影片
會覺得自在，因為我覺得這樣會太受關注。如果我是放
在 YouTube 上，就不會有那麼多人點擊了（笑）。不過

我還是拍了這種影片，效果真的很好。我當真得到很好的回饋，會有女孩子寄電子郵件來告訴我：「我喜歡這種的！」

斯凱拉進一步說明如果要遵循 Instagram 上流行的視覺準則，她會感受到什麼壓力：

Instagram 太美化了，就算只是為了貼出一張照片，我都要花很多心思。然而我的房間有一半時間都很亂，如果我要在房間拍照，就要把所有東西都掃到角落，以免讓人看到。所以影片對我來說就是……我不知道怎麼說，比較能顯現出親和力吧。我覺得這就是我吸引其他女孩的地方，我不只是拼裝出來的、很假很漂亮的女孩。我是當真在分享自己真實生活的人。

斯凱拉的例子突顯了真實（凌亂的房間）和建構的真實（展現自己在家裡的樣子，但是看不到凌亂）、「忠於自己」（不想製作影片）和配合其他人對某一類「真實性」的要求，這些不同立場的界限是多麼脆弱。

此外，網紅還必須仔細調整他們與品牌的合作關係，以免削弱了別人在觀看他們的動態時感到的親近感。就像是布列蒂尼所說的：「我不希望讓人覺得我總是在叫我的粉絲買東西。我儘量不要有太多贊助貼文，那樣會看起來像是『她只是為了錢』。我試著把每件事都區分開來。」布列蒂尼還解釋了她在與品牌交易時是如何力求真實性，她記得她曾經同意和一個品牌合作，但是

那個品牌並沒有引起她個人的共鳴，她最後還是決定「這不像我。我不會做這種事」。

品牌和行銷人員對真實性的討論清楚表明了真實性只是一種不斷變化的概念。一家快速發展的新創服裝公司的行銷總監告訴我：「我們很重視真實性這種**想法**。」那家新創公司會尋找內容「帶來**真實感**」的網紅。他們沒有辦法，也沒有時間評估網紅的內容是否真實反映了她的生活，所以他們是仰賴對網紅內容的「直覺」反應。

艾麗卡（Erica）＊曾經為美國設計師做了十年行銷，現在自己也是網紅，她觀察到：「我認為，如果你充分展示了自己的個性，而成果**看起來也真的就像是你本人**，我覺得那就是最重要的事情了。我想人們會追蹤他們感興趣的『某人』，會想看看他做了什麼，或是他要去哪裡、他在吃什麼。你會試著想成功表現出那個『某人』，讓他們想成為你的朋友、或是想參與你的生活，如此一來，他們才會訂閱，大概就是這樣。」

網紅必須分享足夠的「真實」才會被認為是真實的，而這是以文字、視覺和人際關係透過對粉絲的回應建構而成。他們該解釋清楚的對象，例如贊助商或開展業務的平台，都沒有資源或動機驗證是否正確。

「真實但不正確」

除了要求「真實性」之外，廣告商還需要可預測、可信賴和可評量的媒體管道，這兩者可謂互相對立。為了協調兩者，網紅產業的人便開始區分真實性和正確性。

例如布莉塔妮・漢納希（她在接受我們的採訪時是一家大型

媒體公司的網紅部門負責人）說，銷售產品時，網紅還是需要保持傳統上認為有吸引力的那副模樣。她說：「在某種程度上，妳可能會碰到真實性問題。例如我了解妳必須在拍照時看起來漂漂亮亮，因為我想看到的不是妳跑完三公里之後的照片，那時候的妳看起來就不會超級可愛了，也不會讓我想買這瓶水。所以我知道妳為什麼要說謊（笑）……所以，內容可能不是百分之百正確，卻可能還是真的。」

時尚網紅兼公司創辦人阿蘭娜回憶道：

> 起初我對於該爭取什麼贊助商比較隨便。假設我都用 iPad，但是威訊（Verizon）帶著一款看起來像是 iPad（但其實不是）的平板電腦來找我。我得老實說，如果是現在，我就不會做出這個決定了，但是在當時，我只是說：好啊，我可以。他們會付很多錢，我也需要錢，活動並不總是會找上門來，拒絕的話看起來有點傻。他們又不是叫你吸毒（笑），就只是個打個平板電腦廣告。[2] 我也不是完全在說謊，我有提到平板電腦的好處，而且我也是真的用過，就像這樣的狀況，但是如果你要我說實話，究竟我會用 iPad 還是會用這個如同山寨版 iPad 的平板電腦，我當然是用 iPad。但是因為這個品牌來找你，所以你就接下了這個合作案。

貝絲（Beth）* 是美國一家電子商務新創公司的網紅行銷經理，她說網紅「真的就是**展示出**他們生活中的真實情況，即使有點像是擺拍或有點做作」。

　　雖然網紅產業中的成員往往是真的渴望「真實」，但是他們的工作卻要求他們仰賴一種似是而非的真實性──只存在於觀念中的「真實」。如同布魯克・艾琳・達菲的觀察所顯示的：社群媒體領域的真實性在「概念上的不精確性」「讓部落客使用的這些詞總是能夠與他們不斷切換的忠誠互相呼應──其忠誠包括對他們自己、對他們的受眾、對廣告商和對（慶祝他們從時尚保守分子手中奪得權力的）公眾」。[40]

前進之路

　　網紅經濟在 2000 年代中後期獲得驚人的成長和越來越多人看到，在當時那個機會減少的時代，被認為是最容易取得創新成功的途徑。部落客和其他初代網紅開始正式與品牌和關注影響力的新一代行銷人員合作，透過充滿矛盾的過程，協調出一連串關鍵概念的意義和重要性（還包括從其他行業和流行趨勢中導入概念）。這些概念帶領網紅行銷這個新興商業在短短幾年內發展成市值數十億美元的產業，使文化生產和社會生活的邏輯重新洗牌。

　　行銷人員想要促成一種想像和使用社群平台的全新方式，這方式給人的感覺是無障礙的、大勢所趨的，而在那平台上，所有事情都成為可以衡量的潛在商業管道。網紅將社群媒體發文轉換

---

[2]　譯者註：毒品的英文「drug」另有藥物的意思，而平板電腦的英文「tablet」也另有藥片的意思，所以是拿意義相近的藥物對比於藥片，去達成毒品對比於平板的雙關。

成一種職業，行銷人員則提供了網紅機會去擴大收入，但是網紅也要在效率漸漸提升和競爭的環境中努力捍衛他們的創造力和自主權。在測量人氣指標的平台的助長下，社群媒體用戶將他們的受眾看作可營利或是可量化的潛在個人利益，例如可用於達成品牌交易或獲得更高的地位。最終的共識是：個人和公司應該使用品牌的語言和認同來互動、這些品牌應該將社群媒體受眾視為經濟資產、他們與粉絲的互動可以量化並當作衡量影響力的指標來運用，以及，這個體系依賴的真實感只有在可信的情況下才有意義，以上共識在行銷溝通這個領域已相當普遍，從某種意義上來說，都促成了媒體學者荷西・范・迪克（José van Dijck）所謂的「著重商業上的『連結性』而非情感連結」的社群媒體文化。[41]

雖然網紅在訪談中經常說他們很滿意自己的工作，也常說他們很「幸運」，但是他們也承認這工作有種種限制。就像是露西亞在談到早期階段時所說的：「一切都仰賴影響力行銷人員如何用最有效的方法激勵或引導網紅沿著他們希望的軌道前進。」

第三章
讓影響力更有效力

　　我在 2016 年初採訪了湯姆・藍欽，當時他創立的 Dash Hudson 公司是一家年輕而成功的行銷分析公司，該公司會提供對 Instagram 的見解和策略給網紅及品牌。藍欽的公司較早進入不斷成長的網紅行銷領域，因此經歷了許多次轉型，先是從男裝電子商務公司轉型成 Instagram 購物應用程式，再發展成（他所謂的）「讓光線照進黑暗 Instagram」的企業。他們的產品和商業模式包括向訂閱客戶提供 Instagram 內容的表現數據、分析和策略，都獲得了關注及迅速發展。他的觀察認為「缺乏數據絕對是個大機會」，他還回憶起三年前成立公司時，對網紅生態的正式知識或進程有多麼稀缺。而現在，他說：「我們可以向您展示一套完整的指標，細到每個人的每則貼文，並用這些指標幫助您擴大受眾和品牌知名度。」

　　進入 2010 年代後，讓人們持續感到興奮的是已經能夠靠著衡量個人的社群媒體關注度來賺錢，並且將廣告訊息傳送給瞄準的特定受眾。廣告業界的領導者再次看重「普通人的傳播力量」（卡茨和拉扎斯菲爾德曾經在 1950 年代大肆宣傳），[1] 業內人士

也看好它能夠在社群媒體平台上發展到前所未有的規模。廣告和行銷專家展望個人和品牌能夠在社群媒體環境中更順暢合作，為瞄準的受眾提供受到贊助但是真實的內容。

在接下來的幾年中，那些識別、衡量和利用網紅賺錢的方法以最高效率的特定方式走向成熟。Dash Hudson 是數百家致力於實現這些目標的第三方公司之一。各種技術和業務規範及程序的發展，讓網紅的小天地從參與者們的隨機生態系統轉化成運作比較順暢的產業，各方參與者也都有比較清晰的目標和角色了。

到了 2015 年，對網紅產業的普遍說法還是很正向，有時候還有點誇大了：《廣告週刊》估計有 75% 的行銷人員會使用網紅之力，[2] 還有創業投資流入這個領域。[3] 然而，同時也出現了一小部分批評者。泰‧桑迪（Tay Zonday）就是其中之一，他在 2007 年因〈巧克力雨〉（Chocolate Rain）一曲的影片而意外爆紅，因此以一種特別強烈的方式經歷了網路影響力帶來的希望和風險。他向《紐約》雜誌反映說：

> 網路影響力在 2015 年是一種公認的崇拜對象。我完全無法確切形容每個人和品牌是如何瘋狂地將社群媒體指標膨脹成一種「數位的整形手術」。我們都想變成網紅。只要能夠成為那個最大的網路魔笛手（Pied Piper），我們每個自我實現的面向都會增強。網路影響力現在已經成為本世紀的一種衣裝，它也是把人的價值分類、值得質疑的優生學。[4]

的確，在 2010 年代初期這個日益商業化、以社群媒體為中

心、還**不斷擴張**的網路環境中,「網路影響力」的概念成為辨識人類價值的有效手段:在社群媒體的內容眾聲喧譁的時代,究竟誰值得被挑出來一聽、應該說些什麼才能夠獲得及確保這種權力地位,又要怎樣才能夠持續從中賺錢?這個時期的行銷人員和品牌共同讓這個過程提升效率。

網紅產業中的人實現了前一章所討論的指導性定義,讓網紅產業得以迅速擴張。這種擴張帶來效率提升的力量,因為公司和個人都嘗試讓網紅行銷更為有效。本章會概述產業中的相關人士為了使交易更順暢、讓內容走向商業化、改良指標及美感而做的各種努力。這些戰略性對策讓該產業經歷了巨幅成長,但是同時也損及它是人人皆可做到和真實的自我形象。逕自對某些指標賦予價值、極度輕視或剝削無數有抱負的內容創作者的勞動,不鼓勵具有創造性的冒險活動等等,這些作法使網紅的生態系統迅速發展成一個利潤豐厚、曝光度高的行業,因而對各種規模的品牌行銷計畫和產品專業化都至關重要。事實上,《女裝日報》將2015 年稱為「網紅年」,Google 也注意到「網紅行銷」這個關鍵詞在該年「突然竄紅」,意思是「成長率超過百分之五千」。[5] 不過在年底時,兩起備受矚目的事件將整個產業推向了懸崖邊緣。

讓交易流程順暢

智慧型手機在 2010 年代初期迅速普及,[6]將網際網路用戶的注意力轉移到行動裝置,接著又有像是 Instagram 等流行應用程式的推出,迎來「部落格的沒落」[7]和「網紅」的崛起。部落客

「四散到其他社交平台，而且重要的是⋯⋯不再單指望靠部落格營生」，[8] 擁有驚人粉絲數和多元平台的個人品牌就被稱作「網紅」。商業雜誌《快公司》（Fast Company）有一篇文章在談論所謂的部落格黃金時代的終結，有一位行銷主管指出「網紅擁有更細緻、更複雜的策略⋯⋯他們會用不同的社群平台打造自己的品牌，部落格只是吸引粉絲的其中一種努力」。[9]

新的網紅行銷機構一直輪番出現、合併、關閉和轉型，尋方設法進一步發展出網路影響力和從中獲利。雖然影響力行銷人員都有各自的具體作法和產品，但是他們此時的中心目標就是讓品牌和個人對網紅的確認、挑選和定價流程變得更順暢。如同廣告界資深人士、網紅行銷平台 HYPR 的聯合創辦人萊恩・伯格在 2018 年的採訪中所說的：「這家公司背後的整體想法是：萊恩・伯格這個人的確值得注意，但是他的手機裡就只能放進這麼多人，他只能讓這麼多人一遍遍接觸到同樣的事情。所以，我們何不建立一個資料庫，裡面收集世界上每一個人的聯絡資訊和他們的受眾人口統計，讓品牌可以支付訂閱費與這些人取得連結和進行接觸？」

有些部落客，例如與 Digital Brand Architects 合作的 The Glamoourai 和由 Next Management 代理的 Fashiontoast 等人，在早期便取得受人矚目的成功，她們靠著主演廣告、與品牌合作建立產品線，並在網站和社群媒體動態中置入廣告和受贊助的內容，而賺到令人羨慕的收入，這使得梳理網紅的生態愈發顯出急迫性。[10] 幾位早期的部落客（像是 Bryanboy 和 Man Repeller）吸引了 Creative Artists Agency 等傳統好萊塢經紀公司的注意，那些機構會「到處」簽下部落客，充分利用他們日益增加的熱度，以

及社群媒體環境提供的新曝光營利機會。[11] 這些由部落客轉型的網紅看似一夕之間就取得了成功，他們「真實的」個人品牌讓他們看起來「就和我們沒兩樣」，因此他們的名聲觸手可及——這創造了社群媒體的淘金熱時刻。無數用戶開始制定策略發表貼文，尤其是對時尚、美妝、育兒和其他傳統上屬於女性的領域感到興趣的婦女，希望「成功」成為網紅，投入布魯克·艾琳·達菲所謂的「胸懷大志的工作」。[12]

確認網紅

人們對網紅產業的熱情日益擴大——廣告商是如此（他們在尋找將訊息傳播出去的新管道），社群媒體用戶也是（他們渴望擁有免費的產品、迷人的生活方式和充滿激情的工作，而早期的網紅將這些描述為所有人都可以得到的事物），[13] 於是行銷人員和品牌發現越來越需要有方法確認誰可以「算得上」是網紅。現已停刊的時尚刊物《Racked》的撰稿人在 2014 年曾觀察到：「原創性已經不再讓部落客受到關注——數字才會。」[14] 影響力行銷人員還在繼續量化和包裝網路影響力，好讓品牌和網紅都可以消化和操作。

第一步是替想成為網紅的人設定指標基準。在採訪中，行銷和品牌主管大多說這基本上交由各自決定。馬修（Matthew）* 是一間行銷公司的共同創辦人，他在 2015 年的訪談中向我解釋，他的公司認為：「一位網紅在各個社群網絡的粉絲人數加起來最少要五萬，我們才會考慮與他們合作」。珍（Jane）* 在一間最早成立、後來規模也最大的網紅行銷平台擔任品牌合作總監，她在 2018 年說她的公司認為一萬名粉絲是最低門檻。作家兼策略

總監漢納希則說：「要有十萬名粉絲，你才會被當作網紅。除非你就是……針對某個特殊的分眾，他們就只有十個人。但是如果你做的是時尚、美妝或旅遊，就應該要達到十萬，否則你就是不夠好。」

品牌和行銷人員接下來看的是互動率，也就是網紅的受眾和內容互動的程度。一名經紀公司創辦人說：「要說『某某網紅是名網紅』也不算難，但是如果受眾不分享內容，和他的內容也沒什麼互動，那麼你的錢就是被沖進馬桶了。」馬修同樣也說他的公司在評估一名網紅時，關鍵是看「觀眾是否會點擊、是否關心他們在做什麼？」

有數不清的網紅行銷公司會提供工具來分析互動率和各種其他屬性，例如受眾的人口統計、品牌親和力和廣告中商品的典型價格點（price point），品牌有了這些資訊，就可以更快對網紅活動做出決策。這些商業儀表板讓搜尋、分析和與網紅配對都變得比以往更加容易。有位公司主管告訴《Digiday》線上雜誌：「使用技術平台確認誰是網紅的美妙之處在於讓網紅行銷變成一套完整的系統。我們現在可以在幾週內就啟動一整套網紅行銷計畫。」[15]

網紅行銷與技術新創公司繼續引入和改善專門的數據驅動技術，廣告和行銷界的媒體上也有無數文章在鼓勵讀者使用數據和複雜的分析，以精進他們的網紅策略。被數據推動的網紅行銷趨勢正在繼續加速前進，除此之外行銷人員也會在更小、更特定的分眾市場中尋找潛在的網紅。網路媒體《MediaPost》有一篇文章很鼓勵這些努力，文中認為「找出是否有某些人物的一小群受眾特別關注特定的興趣和愛好，可謂至關重要。透過仔細觀察，

就會找到各種各樣可用的網紅」。[16] 我接著要討論的焦點放在「微網紅」、還有更後來的「奈米網紅」——這些人擁有很高的互動率，雖然總追蹤人數可能不過數千人。[17]

選擇網紅

受數據影響、且對使用者來說好用的網紅行銷技術在不斷發展。不過，雖然這些技術的目標是簡化網紅的行銷流程，但是該如何評價網紅，卻並不總是很清楚。一家公司的網紅行銷負責人向我解釋了該公司的作法：

> 我們會看人群統計數據，然後用我們專門的量化評分方式做出評估，對網紅展開評級和排名，這樣就可以幫我們的客戶做出更明智的決定……我們會根據幾個不同的要素對他們做量化評比，一般來說，觸及率是其中的要素之一分——潛在觸及率和實際觸及率或兩者擇一。我們會看他們的真實性或可信度。接著，我們會看他們的……所謂的潛在影響力或共鳴，我們會依照幾個因素用量化的方式做出決定。不過我們會把這三樣放在一起，向我們的客戶提供建議。

像這類散漫、特定但是模糊的描述很常見，因為公司總是處於不斷變化的產業前緣。

一家洛杉磯影響力行銷公司的主管薩賓娜（Sabina）* 解釋道：「幾乎第一個網紅企畫都是在做中學，因為我們要看受眾對什麼反應最好。客戶覺得適合的受眾真的是適合的受眾嗎？或是

有其他哪一類群體實際上反應更好？哪些內容會真正促使人們特別關注這個產品？」她又進一步解釋說：「如果某個人真的很難合作，或是他們的內容表現得非常糟糕，也可以讓我們看到該怎麼做。我們大概就是自己記下來，因為我們不會再想要找他們了。」

如果有胸懷大志的網紅想獲得品牌交易的機會，粉絲和互動率指標會是他們要面臨的把關，但是等他們進了這道門之後，公司還是會以一定程度的人群觸及來檢驗網紅是否可用——以及該用什麼方式。一名公司創辦人在採訪時說，公司會派許多員工爬梳社群媒體的資料，尋找足夠吸引人的美學表現和主題一致的內容，也會有專人閱讀評論，對受眾的「健康和品質」進行「全面檢查」。媒體學者蘇菲・畢夏普（Sophie Bishop）也指出：「品牌代表和經紀人等中介機構就像是出版業和音樂產業的『Bookscan』和『Soundscan』一樣，會用自動化的工具，讓（實際上是基於許多主觀感受的）決策變得犀利及合理。」[18]

網紅經紀公司 Boldstreak 的創辦人潔西・格羅斯曼解釋說：對她而言，「評論的份量重要得多，因為你要點選一張照片並點讚是很容易的，但是要真正坐下來寫一則評論，則必然是因為該內容讓你真正產生共鳴，讓你覺得必須對它留下評論，這樣做的份量比起僅僅點選一張照片，自然是大得多了。所以，如果我看到某人創作的內容有數百則評論，那麼我就會對這個人真正感興趣」。

此外，漢納希還強調必須關注網紅發布的個人資訊，因為它會為品牌提供新的合作機會。「我會根據網紅的主題標籤（hashtag）整理一份懷孕和何時要分娩的網紅清單，例如她們標

記『#36weeks！』那麼我就想，喔，那表示妳還有四個星期就
要生了，所以現在我們就應該開始向你投放新手媽媽的東西。」

蕾妮（Renee）*是一家傳統公關公司的網紅行銷總監，她形
容確認和選擇網紅的過程是「藝術與科學的結合」。

> 屬於科學的部分是那些由數據推動的分數，包括受眾的
> 人口統計數據、互動率和粉絲總人數，不過也要觀察他
> 們的後勢──看他們的受眾是否會隨著時間而增長，或
> 是就此靜止不動。我們當然想與正在成長的人合作，我
> 們希望與正在崛起的人合作，即使他們當下還沒有達到
> 巔峰，因為他們的成長越多，我們就越能夠與他們一起
> 成長。接下來，從藝術的角度來看，我們當然也要看他
> 們的整體內容美學、他們先前是否與競爭品牌合作過、
> 他們做過什麼其他品牌的內容，以及那些是否符合他們
> 的整體內容。

行銷人員和品牌當然希望網紅受到的贊助內容能夠和他們的
「整體」或是沒有受到贊助的內容一樣吸引受眾。一則手提包的
廣告貼文必須能夠在網紅度假或是和孩子玩的動態中明確可見，
而且要與這些動態一樣能夠引起受眾的共鳴。

雖然我們可以理解和網紅自己的貼文相比，受贊助的貼文勢
必比較難有相同的熱情、個人色彩和與受眾觸及率，不過網紅是
否能在這方面取得成功，將與他們在市場的價值直接相關。如果
網紅能夠進一步讓「自我」和「品牌」處於相同的美學和修辭水
準，應該就更容易讓其他人（尤其是評估和銷售的行銷人員）感

受到他真實的程度。真實性會減弱網路影響力的價值。360i 公司的總監科里．馬丁（Corey Martin）在 2018 年的訪談中提到了真實性在網紅選擇過程中的作用：

> 真實性當真很主觀，也很困難 —— 所以我們必須讓它不那麼主觀。我們的假設是：網紅越是站在支薪的立場推銷一個產品，他的整體內容就越不真實。所以我們會評估他這樣做的頻率。不過也有其他會影響的因素，例如他們的專業知識、他們的可信度、他們製作的內容類型、內容品質。最後就是互動率——不單只有與網紅互動的人數，還有彼此的互動，也就是網紅對受眾的回應深度。

其實就像是其他學者所指出的：[19] 網紅必須仔細畫定「真實」和「棄守底線」之間那條想像的界線，這表示他們要調整受贊助內容的頻率，以及挑選「正確」的品牌合作。就像是一位業內觀察家所說的：

> 網紅收錢替某個產品背書，比較像是替品牌和他的受眾牽線的「介紹費」。網紅是受眾的守門人，而其可信度取決於他們要讓誰通過這個大門。他們的「門禁政策」越不嚴謹，受眾就越不會尊重他們的判斷。進門不只是支付合適的價格這樣簡單，否則網紅將失去受眾的信任。影響力是建立在信任的基礎上；沒有信任，你就無法發揮影響力。[20]

　　不過，雖然業內人士互相敦促在選擇網紅的過程中要側重真實性和信任，但是他們也會在這個過程中求助於舊日娛樂業的方式。一名主管力勸品牌「在選人時要抱著『選角』的心情」，雖然網紅不應該「被當作廣告演員」。[21] 這個時期的研究也指出最常「被選中」的網紅（也就是被評選為最有影響力的人）往往也是傳統廣告一直以來的刻板印象中最理想的美女類型：年輕、苗條、女性化、金髮碧眼而且絕大多數是白人。[22]

　　建構這些視覺效果通常也需要原來那些社會和經濟資本，例如與廣告商打交道的見識和買衣服、配件的資金，以及要確保「對品牌來說安全」的網路形象。令人擔憂的是蘇菲・畢夏普最近的研究顯示：當品牌和行銷人員在確認網紅的形象對品牌來說是否安全時，他們的工具會對使用某些酷兒群體和有色人種的詞彙（例如「酷兒」）提出警告，系統性地貶低了這類群體的價值，因此讓這類網紅比較不容易被選入品牌交易。[23]

　　為了因應在 2010 年代中期大量出現的網紅，行銷人員和品牌創造了一個鬆散的內部方法替網紅排序以供選擇。美國一個快時尚品牌的行銷總監安妮特解釋了她部門的分級制度：

　　　最低的第四層比較像是整體網路使用者的一部分。我們會用一些工具檢視我們的 Instagram，看看有哪些人會在社群空間中談論我們。她們不是真正的網紅，只是對品牌有黏著度的普通女孩。所以，你知道的，我們會定期和她們聯絡，雙方之間沒有金錢交易，只是告訴她們：「嘿，我們注意到妳喜歡這個品牌，我們也想讓妳加入這邊。」公司辦公室裡有一個展示室，我們會持續帶一

些女孩過來，送一些品牌的東西給她們當作禮物，諸如此類的。我們就只是在建立關係，沒有預期要達成任何KPI（關鍵績效指標），用意只是在慶祝這些女孩成為我們品牌的粉絲。我會認為往上一層才是真正的網紅，這有點像是妳所說的真正的時尚部落客女孩，她們就是以此營生的，所以她們創作的內容必須要能夠讓我們用在自己的通路上推動銷售。她們會有點像是在為我們工作……再接下來的層級，我會說她們是我們所謂的品牌大使。這些女孩有很多粉絲，她們的互動率很高，會生產很棒的內容，一切都符合這個品牌的定位，我們也真的很想支持她們成為我們的大使……不過她們有可能是模特兒，可能是歌手，很可能不是網紅和部落客，你知道的，這些女孩活躍於許多不同媒體，但是她們在社群媒體上有著令人驚異的存在感。接著，最頂層的就是名人群體。我們會與公司合作，定期饋贈名人物品，然後便可以選擇聘用她們，像是一種付費模式。同樣的，全世界都認得這些女性，一般人會在她們身上尋求時尚靈感，她們會在社論和公關活動中受到矚目，她們的目標其實不是收入，而是品牌的知名度和互動。

大部分品牌和行銷人員在解釋他們是如何看待合作的網紅時，都會提到某種形式的「分級」或「漏斗」系統，尤其是在討論定價時。漏斗有助於確定網紅的活動可以收取多少費用——通常（但非絕對）是依據自行決定的指標基準。不過，業界對於指標和薪酬的關聯性的理解並不共通或透明，因此發生剝削與歧視

的機會很大（即使是無意造成的結果）。在品牌以產品而非金錢作為報酬時，這種情況最容易發生，或是不同網紅之間有同工不同酬的情況。一個時尚服裝和家居用品零售商的網紅負責人告訴我：「說實話，其實它算不上有什麼體系。雖然我希望它有。」

替網紅定價

這個產業需要依各個脈絡決定數位影響力的價值，漏斗是讓定價方案變得順暢的方式之一。例如雖然有些公司表示其定價與粉絲人數或互動率有直接相關，不過也有其他公司說其估價系統會隨著不同利害關係人的想法而變動。馬丁在 2018 年說「可能會有特定客戶認為擁有十五萬粉絲的人比擁有兩百萬粉絲的人價值更高」。馬修在 2015 年解釋說：

Instagram 的價格可能從一百美元到一萬五千美元不等，這取決於網紅以及對 Instagram 要求的「開價」額度──例如他們是否需要到外地差旅。因此，擁有十萬到五十萬粉絲的人寫一則 Instagram 貼文可能得到兩千五百美元到五千美元不等；擁有五十萬到一百萬粉絲的人可能得到四千美元到一萬美元不等；超過一百萬名粉絲的人通常會要求至少四千美元以上，但是也可能多達一萬五千美元。我們會替某些名人的一則 Instagram 貼文支付多達三萬美元。這取決於許多因素，不過範圍就是這樣。我們會將網紅分成四類……這個分類是根據社群的關注度，我們也會對每一類網紅定價，這樣品牌就會知道他們可能要花多少錢。

　　品牌和行銷人員想讓網紅行銷流程變得更順暢，他們希望事情對「每個人」來說都變得更容易——但是其實這些變化並不總是對網紅有利，因為他們通常得去猜自己的影響力到底值多少錢。漢納希在一家大型媒體公司任職時，曾經與無數的公司、行銷人員、品牌、網紅和網紅產業中的其他人合作。她描述了該行業的定價方式是如何讓個人網紅在猜測和主張自己的費用時感到負擔。她說：「費用的差異足以令人震驚……我曾經在一場活動中打算要給某個女孩一萬美元，然而她的要價是兩千五百美元。這讓我大吃了一驚，她對於自己值多少錢完全沒有概念。」

　　此外，讓交易變順暢的流程也改變了網紅對行銷活動能發揮多少創造力的規則。隨著網紅產業的成長和品牌給網紅的預算增加，品牌介入的程度也提高了。我的受訪者指出契約會規定標題要用什麼語彙、貼文應該發布的具體時間，還有一些其他之前都由網紅自行斟酌的細節；也越來越常要求網紅在發布前提交準確的內容由品牌批准。

　　Digital Brand Architects 的瑞莎・雷克在 2017 年解釋說：「有些資歷深又老派的人會說『等等，我以前從來不必先提交內容等批准。難道品牌不信任我嗎？他們想和我合作，難道不是因為我是我嗎？』是的，的確是那樣，但是他們現在可能付了你六位數，而不是兩千五百美元，他們也想確認其中傳達的品牌訊息是正確的。」

　　網紅和品牌在打造社群媒體形象時，經常參考彼此的作法，為了擴大觸及率，他們會嘗試不同的外觀、標題、與粉絲的互動方式。一名洛杉磯的行銷總監薩賓娜解釋說：「我們對於在自己的社群頻道上播放的內容非常謹慎。所以……我們期望這些女孩

都能夠符合我們的品牌形象，她們創作的內容也必須為我們自己的動態帶來意義。」

為了適應網紅產業這一連串新的確認、選擇和定價流程，網紅必須用更一致、更精鍊和可預測的方式來展示自己——更完整的把**個人**品牌轉化成贊助商和行銷人員所用的語言和美學。Instagram 在 2015 年加入廣告後，網紅和廣告商的內容都更常模仿對方在平台上的美學和意識形態，以至於在無止境的一連串方框圖像中，他們都混合在一起了。當然，這看似不可能的合奏還是以薩賓娜所說的「感覺上是一個整體」的方式實現的。

網紅被期待做到的矛盾要求越來越膨脹了：他們要做自己，但是要可以預測，而且得精雕細琢。他們要「符合人設」，但是得有策略。而且，就像是我和布魯克・艾琳・達菲合寫的其他文章中所提到的：要「真實」但是又不能「太過真實」——這個規則特別具有性別意義，顯示出女性在許多專業領域中發現自己所處的雙重困境（尤其是那些需要公眾知名度的領域），因為她們會面臨更多騷擾或其他負面影響的風險。[24] 換句話說，為了穩定網紅產業的工具和作法使得權力發生了轉移，從那些原本引領這個行業的人手中移走了：從創作社群媒體內容的人手中，移到了帶來新方法使社群媒體得以擴大的人手上。可以想見的是，這些不斷變化的期待也會影響創作的方式和內容。

將針對分眾的內容融入「生活方式」中

網紅、品牌和行銷人員在 2010 年代中後期發現：如果網紅將自己展現成「生活風格」品牌，而不是時尚、美妝等的專家，會更有效地獲得收入和知名度。盛行的解釋是，如果網紅更常分

享他們的住家、家人、旅行等，就可以證明他們的「真實性」。
網紅經紀人格羅斯曼也說：「我們喜歡人們討論網紅生活中的方
方面面。畢竟我們是真人。這就是為什麼我們不會真的代理那
些……我一直反覆提美妝網紅，比如說我喜歡看妳化妝，但是我
也知道妳是一個真人，妳也會喜歡其他事物。為了保留妳這個人
的真實性，我還想看看妳還對什麼感興趣？」

　　這種重新回到生活風格的內容比較符合大眾媒體的趨勢。媒
體學者塔尼亞・劉易斯（Tania Lewis）在 2008 年描述了「生活類媒
體」的興起，她指出電視和平面媒體「越來越注重教導觀眾（不
論男女）透過對食品、居家裝飾、健康、作風和打扮的關注來管
理他們的日常生活」。[25] 甚至是在社群媒體出現之前，就有日常
生活事務的專家大量出現，這促成了「資訊和建議成為商品」，
專家被定位成「像個朋友的嚮導，而不是權威」。[26] 在劉易斯的
研究中，我們看到這類嚮導大受歡迎——不論是專門寫家政內
容的報紙專欄作家，或是《酷男的異想世界》（Queer Eye for the
Straight Guy）和《什麼不該穿》（What Not to Wear）的原班人馬——
這為生活型網紅帶來了舞台。

　　格羅斯曼反映出像網紅這樣比較容易親近、但還是讓人嚮往
的社會文化角色有多麼重要：

> 名人像是一種讓人夢寐以求的人物，而網紅則恰好相
> 反——他們與我們息息相關，他們就像我們一樣，但還
> 是會讓我們有向其學習的慾望。他們並不單純就像是你
> 我，兩者之間還是存在某種區別，但是雙方如此接近，
> 我覺得這就是為什麼大家會覺得與他們休戚相關。

　　轉向生活型的內容也帶來更多物質和立即的好處。網紅的分享內容更加廣泛，這讓他們的個人品牌能賺錢的面向變得更多樣化。他們不再限於「只有」從時尚或美妝的合作案賺取收入，而是可以和例如汽車公司或飯店合作。此外，如果他們建立的個人品牌涵蓋了更多日常生活領域，也可能吸引到更多粉絲，因此便有望提高他們的影響力指標。因此，除去內容的專業性，轉而採取更一般性的、以生活為導向的策略，便成為許多網紅的實際選擇，這也是行銷人員、廣告商和其他利害關係人所支持的變化。

　　總而言之，影響力行銷人員想讓過程變順暢的行動使得網紅和品牌能夠「像在 eBay 上買賣書籍一樣輕鬆地買賣『影響力』」[27]——並使社群媒體的商業化自我展示變得很普遍。

使內容化為商品

　　賺錢當然一直是網紅產業的優先事項，不過在 2010 年代中期，品牌、行銷人員和網紅的目光已經從他們以往合作的贊助模式上移開，轉而要讓網紅未來在社群媒體上的存在本身可以全面而有效地化為商品——包括照片中的每一樣東西和網紅行銷的社群媒體平台本身都要達到商業化。換句話說，與其替照片中的某個服裝品牌做廣告，何不從照片中的鞋子、太陽眼鏡、手提包和拍這張照片的酒店都賺取佣金呢？與其引導粉絲造訪外部電子商務網站、讓他們要去別的網站尋找照片中展示的商品，何不直接在應用程式（例如 Instagram）中購物呢？各利害關係人探索了這些可能性之後，對支援網紅產業的技術性基礎設施做出了重要修改。過去不太關注網紅的社群媒體公司現在也認識到這個產業

在經濟和文化上的力量，開始要找回其主導地位。這些轉變讓露骨的商業訊息和商業**邏輯**（任何東西都可以被贊助或出售）完全吞噬了我們進行社交和自我表達的主要網路空間。

讓自我走向商業化的科技：RewardStyle 的案例

在這個領域中最具商業和社群影響力的就是 RewardStyle 公司了，有了它的工具，網紅毋需透過中間人就可以從部落格或 Instagram 的內容賺到錢，甚至毋需與品牌有直接互動。RewardStyle 是安柏・維茲・柏克斯（Amber Venz Box）和合作夥伴巴克斯特・柏克斯（Baxter Box）在 2011 年於達拉斯共同創立的，維茲當時還是一名時尚部落客，正在尋找更有效的方式幫自己賺錢，柏克斯則幫她和其他上千名部落客開發了這項技術。他們的第一項同名產品很簡單：只要把 RewardStyle 連結嵌入部落格內容中，就可以依據部落客替零售商網站帶來的流量和銷售額賺取佣金。這項技術的運作原理是把使用者瀏覽器的 cookie 儲存下來，如果用戶點擊 RewardStyle 連結，並導流到零售商的網站進行消費，該零售商就可以看到 cookie，依此向 RewardStyle 支付佣金。這種模式被稱為聯盟行銷，它的存在幾乎就和商業網路一樣悠久——但是從來沒有被用在時尚部落客領域。[28] 它幾乎立刻就取得了成功，到了 2013 年，該公司已經擴編到八十七名員工，並與四千家零售商和一萬四千多名「內容發表者」簽約。這些「發表者」大部分是個人部落客和網紅，不過也有一些傳統媒體，像是《Vogue》和《魅力》。與 RewardStyle 簽約的發表者在該年總共帶來一億五千五百萬美元的零售銷售額。[29] 在 2022 年的年銷售額則超過三十億美元。[30]RewardStyle 並不是網紅界唯一

的聯盟行銷商，但他們是最大型、也是最多人使用的。

RewardStyle 能夠持續成長並占據市場的主導地位，其中一個關鍵因素是他們的第二個產品——LikeToKnowIt，該產品於 2014 年推出，目標是讓 Instagram 貼文可以進行購物（Instagram 當時還抵制任何形式的商業化）。該產品的運作方式大致是：Instagram 網紅要先申請成為 RewardStyle 的一員，獲准使用該服務之後，就可以透過 LikeToKnowIt 發表 Instagram 照片，照片中就會提供哪裡可以購買商品的資訊。粉絲也要註冊自己的 LikeToKnowIt 帳號，之後如果在 Instagram 看到了想購買商品的照片，就可以點擊該照片兩次替那張照片按「讚」。接著他們就會自動收到一封含有附屬連結的電子郵件，之後便可以透過該連結從 Instagram 貼文購買商品。RewardStyle 在 2017 年將 LikeToKnowIt 更新為獨立的應用程序，可以在整個網路使用，而不只限於 Instagram，而且現在是用螢幕截圖，而不是用 Instagram 的按「讚」功能。

LikeToKnowIt 在 2014 年推出時，Instagram 已經被 Facebook 收購了，而且順利地從一個帶有懷舊色彩的照片編輯和分享工具，轉變成社交、商業和文化的核心媒介。它順暢的使用者介面可以一直向下拉動瀏覽圖像，不會受到廣告或過多連結及評論的干擾（這是在其他平台會有的困擾），事實證明此介面頗具吸引力。它的用戶群迅速增加到超過十億，就算該公司新增了影像等新功能、用演算法排序取代了依時間的動態排序，還允許廣告，使用者依然認為該應用程式是網路上最好、也最「真實」的。[31]Instagram 也的確很快就成為品牌和行銷人員要做網紅行銷時的首選。[32]

Instagram 走向商業化，包括像是 RewardStyle 這樣的第三方公司讓平台具備購物功能（即使要面臨平台的抗拒），以及後來母公司同意走向商業化（以 2015 年決定允許廣告為起點），這現象不論是對網紅產業、或是對一般的社群媒體生活經驗而言，都是一個決定性的轉變。《MediaPost》的一名撰稿人在描述 Instagram 網紅的生態時，說「人類注意力的持續時間已經從 2000 年的十二秒縮短到 2013 年的八秒」，他的結論是「世界上有些有趣的東西很適合用完即棄，品牌和代理商應該要樂意採納它們」。[33]Instagram 成為販售影響力的主要市場，這個轉變也的確替更直接、內嵌在社群中的商業形式打開了大門，用領先的技術和視覺編碼替平台用戶實現了商業化。

RewardStyle 的服務除了可以利用時尚部落格和 Instagram 那些龐大且活躍的用戶群之外，還有其他吸引品牌和網紅的理由。RewardStyle 在 2013 年針對希望有更多數據可以提高營運效率和降低風險的品牌，推出了一個叫「Campaigns」的服務，該服務會使用過去的績效數據替品牌活動挑選網紅。安柏・維茲・柏克斯告訴《女裝日報》：「只要品牌向我們提供確切的目標和指標，例如『我需要達到多少銷售額和多少流量，我的目標人群有哪些』，我們就會用所有的數據進行挑選。品牌總是對我們替活動挑選的人感到非常驚訝，因為可能不是他們以為的名人網紅 A、B 或 C，但是其實我們已經知道那個人的受眾是誰、可以轉換成哪種類型的產品。我們會找到他們的合理費率，因為我們知道他們可以帶來怎樣的銷售。」[34]

的確有越來越多品牌需要證據顯示網紅的推薦會帶來銷售或轉換。網紅行銷公司 DBA 的高級副總裁雷克在 2017 年告訴我：

「我們真正關注的……是轉換。所以我們會看 RewardStyle，看誰可以透過這些平台達成最多轉換？我們經營了許多轉換率前幾名的人，因為我們知道這是品牌現在真正想要的。」一間跨國公司的趨勢研究員納迪亞（Nadia）＊證實：「我認為這一切都與銷售點有關……網紅就是影響某個人做出購買行為的人。」

RewardStyle 替網紅提供了一個有吸引力而且似乎毫不費力的賺錢方式。聯盟行銷的連結會根據貼文的點擊數和銷售額，持續將錢存入發表者的帳號。擅長城市時尚主題的部落客布列蒂尼解釋道：「只要有人點擊附屬連結，我就會得到一些零錢，這對我來說很好，因為積少成多——而且等於是錢會從某個地方持續進來。」成為 RewardStyle 的會員也是一種身分象徵，因為唯有受邀才能使用這項服務（大部分網紅必須要先申請才會獲邀），加入 RewardStyle 象徵一種成年禮——表示他們已經「成為」網紅了。時尚和生活類的部落客斯凱拉回憶道：「這幾乎得祕密進行，也不是每一個人都能參與。所以我對於能夠加入感到超級興奮。」一名時尚類的小網紅丹妮爾（Danielle）告訴我：「LikeToKnowIt 的確給了我信心。讓我覺得：『對，我當真是一名真正的部落客了，因為我有 LikeToKnowIt。』」

RewardStyle 產品的巨大成功仰賴它們的無痕置入，它們對網紅精心構建的真實性只有最小的干擾。嵌入部落格的 RewardStyle 附屬連結幾乎看不見，除非將滑鼠游標移到連結上，並且查看瀏覽器底部的 URL 預覽，才會看到「rstyle.me」的副檔名——而且只有極少數讀者才會知道那是什麼意思，因為 RewardStyle 主要是一個企業對企業的公司。LikeToKnowIt 的存在比較明顯，因為網紅的粉絲必須加入這個服務才能使用它，

圖 1. 布萊爾‧伊迪（Blair Eadie）在 2018 年的 Instagram 相片，其中插入了 LikeToKnowIt
連結。伊迪在 2010 年推出她的時尚類部落格「Atlantic-Pacific」，並在接下來的
十年中發展成全球知名的網紅，擁有將近兩百萬名 Instagram 粉絲，與她合作的
品牌包括 J.cCrew、萊雅（L'Oreal）和凱歌香檳（Veuve Clicquot）。圖片經布萊爾‧
伊迪同意轉載。

而且用到這個技術的貼文通常會有「liketkit」的連結和主題標
籤，但它用的是 Instagram 社群最常用的按讚動作，所以幾乎不
會干擾網紅和受眾原有的動態。這個技術和社群的合奏意味著
RewardStyle 完成了其他想進入這個領域的人做不到的事：它找
到的方法，讓社群媒體用戶的自我展示走向商業化，同時又不會
讓受眾有明顯的感覺。如同行銷公司 Econsultancy 的一名撰稿人
的觀察：

> 社群最有力的屬性之一是它被許多人看作一個比較真
> 實的媒體。如果開始有消費者認為它只是麥迪遜大道

（Madison Avenue）上的行銷機器的延伸，品牌就會發現他們很難利用社群媒體了。顯然有許多消費者都知道像在Instagram 等發布的許多內容……並不全然是它**原本的樣貌**，有越來越多人知道品牌會付錢給他們屬意的網路名人，讓這些網紅把產品融入他們發表的內容中。但是如果讓大量消費者認為網紅是假的、都在賣東西，而且**不信任**他們發布的內容，品牌就會發現他們殺死了會下金蛋的母雞。[35]

　　的確就像是一名網紅行銷公司的創辦人告訴《費城商業期刊》（*Philadelphia Business Journal*）的：「我們生活在一個信任已出現赤字的世界。我們不相信政府，不相信公司，我們也不相信廣告商。但是我們會相信人。」[36]RewardStyle 的技術不至於干擾人與人之間的信任感，但是又可以創造經濟上的獲利，有效地開創了新時代中嵌入社群、用技術驅動的消費文化。

　　或許，RewardStyle（和其他類似的自我商業化技術）最重要的結果是讓運用個人的**生活風格**來賺錢變成普遍的作法——除了銷售每個人的網路形象之外，他們的整體物質環境都可以變成潛在的利潤來源。在經濟和職業的不穩定日益加劇之下，這些技術是既可以獲得收入、也可以獲得自主的手段。它們都成為市場邏輯浪潮的一部分，滲透到公共空間和文化中，幾乎所有東西都「可以購買」，「每張照片、每段親密關係和互動中都可能存在商業機會」。[37]

　　網路媒體《Refinery29》的一名撰稿人在 2018 年觀察到：「我們的日常生活正在變得越來越商業化，我們的注意力和私人

資料都被拿來換取廣告費」，他認為這種情況使得人們對於品牌正在深入他們的生活變得不敏感，對於以前會被笑是「賣東西」的行為也不太容易察覺了。[38] 收入不平等和中產階級的工作及生活方式變得越來越難取得的情況加劇，這「造成了一種奇怪的壓力：你得弄清楚該賣什麼，如此一來才不會跌到谷底；一旦你搞清楚了，那就能賺到錢了。這個畫分催生了一種新的風氣：要那樣子賺錢……要有那些 #lifestylegoals。什麼都拿來賺錢」。[39]

對 RewardStyle 的不滿

　　這種自我商業化的邏輯在個人、職業和產業層面都有實質後果。許多網紅特別對他們申請 RewardStyle 時有如經歷黑箱作業感到困惑。時尚類部落客珍妮佛（Jennifer）在 2018 年的一次採訪中回憶起自己的經驗：「我一共申請了四次。第一次申請時，我才剛開始寫部落格大約一個月吧。第二次可能是六個月後。第三次……其實我是被推薦的，我不知道為什麼會被拒絕，我不太確定原因，我想推薦我的那個女孩也不知道。不過我在一週後就用另一個電子郵件再申請了一次，而且通過了。所以我根本就不確定。因為我其實沒有改變任何東西，唯一的不同就是——我用了一個不同的電子郵件。」也有網紅在加入後，才驚訝地發現原來他們至少需要賺到一百美元才能收取佣金。時尚類部落客丹妮爾說：「對我來說，要達到一百美元真的花了很長的時間，因為每件東西都只有兩塊、三塊、五塊。」

　　時尚類部落客卡麗莎（她同時還有一個全職工作是設計師網紅的行銷團隊成員）說明使用 RewardStyle 可能會損及網紅在社群媒體中自我展示的「真實性」——尤其是當它可能成為重要的

收入來源（頂級網紅每年可以賺進數百萬美元，還有其他數千人也可以賺到六位數）。⁴⁰她說：「這當然有利可圖，但你必須時常提起那些產品，對於要和那些品牌合作也要有想法策略，因為某些品牌的佣金會比其他品牌更高。」

卡拉（Cara）＊在 2018 年結束了她經營十年的人氣時尚部落格，她也同意「現在的人會說：『噢，我發布的東西都是真的。』但是其中有許多已經不能算是了。你們發布 LikeToKnowIt 只是為了獲得更多銷售量」。她記得有一名部落客「總是有很酷的復古東西，也總是走很可愛的風格。她在 Instagram 走紅之後，就開始發布一些貼文像是：『老海軍（Old Navy）服飾有售。』我注意到也有其他人這樣做，因為會帶來銷售。我覺得她的風格改變只是為了迎合這一點。我知道我們會想進行銷售之類的，但是我從來沒有真的**做好**過」。

RewardStyle 也提供了一個有效的方式，讓零售品牌不需要與某些類型的網紅公開合作，還是可以私底下靠網紅帶來的產品需求獲利。一個時尚類零售商的網紅經理告訴我：她的公司可以透過 RewardStyle 聯盟行銷計畫和那些雖然不完全符合該品牌的「感覺」但是可以推動銷售的人合作。她說：「我們喜歡稱她們是媽咪部落客，因為她們會推動需求。以她們這個年紀來說，追蹤她們的人也有錢買家具、買一堆好東西了。但是嚴格來說，她們不一定符合品牌形象。」

也有些內容創作者質疑 RewardStyle 在自己公司的社群媒體動態宣傳某些用戶時，缺乏種族和經濟的多樣性，在 RStheCon 中也是如此（RStheCon 是僅限受邀者參與的會議，該會議替網紅提供專門的培訓、交流機會，以及受邀參加閉門活動的聲

譽）。[41] 這名網紅經理在描述她的 RStheCon 經驗時，也證實了這一點。

> 每一名網紅都帶著他們的攝影師前來，通常也另有一名助理。大概每個人都是金色的長捲髮、看似曬黑而成的膚色和大帽沿的帽子。那裡就像是一個完全不同的世界，他們都太過頭了。一切都是如此強烈⋯⋯你和每一個人交談時，感覺就像每一個人都在重新裝修房子，每個人都有一間度假小屋。

品牌也會感受到壓力，覺得必須根據 RewardStyle 和在其他社群平台上得到的數據調整創作決策。安妮特是一間美國快時尚品牌的行銷總監，當她被問到產品在 RewardStyle 或其他社群媒體平台上是否「表現良好」、會不會影響到未來的產品決策時，她回答：「噢，是的，當然會。」她繼續說：

> 我們在做的許多事都是測試和重複。所以如果一個產品可行，我們就會下更多訂單，還會訂購不同顏色。所以，其實我們會定期和我們的網紅團隊以及商家及買家進行對話，甚至是討論我們要送給這些網紅什麼產品，他們應該從哪些產品裡做選擇⋯⋯我們幾乎每週都會進行一次會談，看一下上週左右的社群活動，譬如說我們發布了六則以產品為號召的貼文，各自的結果如何？

網紅和品牌高層在訪談中對網紅產業的商業化發展表達了一

些質疑和憂慮，主要都是關於銷售服務有越來越強的動機要犧牲個人的創造力（卡麗莎和卡拉也都有指出這一點）。而同時，產業報刊的作者則將這些努力合理化成要給出人們想要的東西。Econsultancy 公司宣稱「事情的真相就是：消費者大多是一群帶著渴望的人」。[42]

改善成有影響力的樣貌

公司、品牌和其他中介機構（例如 RewardStyle）為了理解網路的影響力，開始用技術性和組織化的系統轉譯各種指標和美學的關聯，也有越來越大的壓力須改善貼文，使貼文在指標系統中被認為是有效益的。結果在整個 2010 年代，出現了各種迎合美學和指標的趨勢——也有各種服務幫用戶跟上這些趨勢。在對創業和名聲痴迷的文化中，從事網紅產業依然被認為是職業成功的合理路徑，尤其是人們仍在繼續思考經濟衰退對職業前景造成的損害，即使金融海嘯已過去十年了。[43] 因此，如何成功地利用這些數字和美學密碼依然關係重大。網路雜誌《Slate》的一位撰稿人就敏銳地觀察到 2014 年的生態：

> 如果人們相信他們的影響力會被打分數，尤其是會影響到生活或職業，他們就有充分的動機去設計如何得分。他們會想要在社群網路上表現得矯揉造作：要分享安全而能引誘人按讚的內容，不發表任何他們認為詭異、古怪或有爭議的內容。尤其是因為「影響力」已經成為自我價值的衡量標準，即使是不想成為「網紅」的人也都

面臨到要這麼做的巨大壓力。結果有更多人在傳播相同的文章、迷因和話題。這更加劇了同質性。更多的噪音偽裝成訊號。造成人們在海量資訊中尋求品質佳的資訊就成了適得其反的事。[44]

「正確」的指標

粉絲人數和互動率是品牌確認和選擇網紅的主要手段，因此有許多出售粉絲甚至評論的服務來協助用戶拉抬這些指標。購買粉絲的作法已經在 Twitter 上存在一段時間了，[45] 雖然這些服務盡可能不引人注意，但是如果知名用戶的粉絲人數突然暴增（有時候會在幾小時內增加數千、甚至數百萬名粉絲），還是很容易被人發現這類服務的存在。「假粉絲」在幾年後成為一個熱門的公共敏感議題（我們將在第四章中詳細討論），這個概念成為 2010 年代中期的網紅產業討論和爭議的根源。

網路媒體《Racked》在 2014 年發表了一篇有關假粉絲成長趨勢的文章（尤其是在部落格和 Instagram 上）。該文先是詳細介紹了一項叫作「購買 Instagram 粉絲」（Buy Instagram Followers）的服務，該服務說用戶可以購買他們經營的真人帳號作為粉絲，或是對貼文發表評論。《Racked》指出該服務的報價範圍從每一千名粉絲九十美元，到每一萬五千名粉絲一千三百五十美元不等。[46] 報導中描述了產業是如何理解影響力指標的轉捩點：不再以粉絲人數作為影響力的有意義指標，也不能只看指標的表面數值。以真實性作為評估網紅價值的指標的這個概念也出現新的形式，因為潛在的爭論戰場已經落在個人品牌以外的面向──尤其

是受眾。一名部落客向《Racked》哀嘆：「你在一段時間之後就會開始意識到一切都是假的。焦點不是放在時尚，而是看他們如何變大、變多、變出名。對部落客來說，真實已經不重要。過去幾年的可悲之處在於一切都變得只注重它看起來是什麼樣子。」[47]

品牌、行銷人員和網紅都開始制定一些策略找出「假人」──有些策略比較粗糙，有些則較為精準。其中有許多策略集中在關注受眾的互動率，並制定**真實**互動的規範和期望。通常這類策略仰賴的是替**可信的**真實指標設定出一條想像的界限。一間洛杉磯行銷公司的主管薩賓娜在 2018 年解釋說：「如果某位用戶的互動率只有 1%，我會猶豫一下。不過老實說以這一點來看，高得不可置信的互動率也會令人懷疑。所以如果我看到非常高的互動率，我也會深入研究一下都是哪些互動？有哪些評論？是不是有很多評論看起來像是自動產生的，還是垃圾郵件，或在某種程度上不像是真的？」

珍是一家大型網紅行銷公司的總監，她詳細介紹了公司的流程，包括調查網紅及受眾的多個步驟（透過面對面的討論以及幕後的質化和量化評估進行）。

我們在調查粉絲是不是真粉絲或實際存在的人的時候，通常是基於關係做判斷。所以我們會見見這些人。我們會在洛杉磯和紐約與網紅進行一對一的訪談。我們有一個內部的資料科學團隊……我們會把所有網紅資料輸入電腦系統中，這樣就能夠查看大多數粉絲的人口統計或這類資訊。我們也會把他們的粉絲繪製成圖表……如果

粉絲人數突然大幅增加，我們就會覺得「嗯？這裡發生
了什麼事？」接下來……我們會派一個人去實際調查，
看看這一天有沒有什麼事情發生？例如：他們是否在網
路上接受了採訪或是類似的事情？還是他在那時候買了
這些粉絲？

其實有很多策略可以辨認某人有假粉絲。例如：如果某
人有兩萬名粉絲，但是每一張照片都只有兩百個左右的
按讚數，那麼這就不正常……有一個比例是在計算如果
你有一定數量的粉絲，那麼每一則貼文就應該平均獲得
多少數量的讚。有一個方程式可以評估情況到底是否正
常。所以，如果你獲得的按讚數低於你的粉絲人數的正
常水準，就表示有可疑之處。

其他國家則是有假帳號的黑市。所以如果你檢查一
下……就檢查網紅的前十五名粉絲，看看他們是不是
真人。粉絲都是自己發文的嗎？如果是國際級網紅，假
設這個網紅來自德國，那他是不是有很多德國粉絲？因
為從理論上來說，如果你是一名洛杉磯網紅，那麼你的
粉絲應該也會來自洛杉磯、紐約，或許還有芝加哥、邁
阿密。只要你開始檢查這些粉絲，就會有一些常識可供
判斷。

　網紅也逐漸發現品牌和行銷人員會用策略評估其受眾的真實
性，他們的回應便是開始構想和施行新的人數提升策略，例如與

受眾互動得更頻繁、或是用不同的方式（例如：用公開評論而不是直接私訊），還有集體行為（collective behavior），例如「拉幫結派」——幾十名網紅相互協議緊密合作，互相在對方的每一則貼文上按讚和評論，以提高「真實」互動的指標。

培養美學

除了配合指標的操作之外，網紅還會配合視覺趨勢和主題調整自己的內容，以獲得更多「真實」的正面回饋。在網紅還是以部落格作為主要園地時，培養「美學」的觀念並沒有那麼重要。在 2010 年代初，競爭加劇，並轉向 Instagram 這類以圖片為中心的行動平台，因此讓特定的視覺趨勢變得更有吸引力，且最終在網紅產業中取得主導地位。尤其是 Instagram 以及用戶覺得在 Instagram 上表現出色的內容，決定了那些外觀有影響力，使網紅和廣告商將注意力轉向針對平台改良內容。[48]

在 Instagram 推出後幾年內，該應用程式就出現了一種特定的「平台行話」——或說是對於如何溝通的共同理解[49]。Instagram 的濾鏡會讓相片有一種懷舊的感覺，每一張圖都被簡潔地裁成方形，它的版面設計以視覺為優先，為特定的美學趨勢蓬勃發展提供了理想環境。到了 2010 年代中期，網紅產業變得越來越以 Instagram 為中心，並關注生活中的內容，因此，記錄用戶真實生活的圖片（但是經過高度編輯和精心挑選及組織）也就廣為流行。

或許最能夠總結這些狀況的，是在 2015 年出現了一個名為 Socality Barbie 的諷刺帳號。該帳號的動態圖片都是芭比娃娃穿著衣服和配飾，在一些網紅風靡的地點進行活動，每一張圖片

都加上令人憧憬但是意思模糊的說明。一名觀察家認為 Socality Barbie「是想要挖苦那些讓 Instagram 變得荒唐、但是會讓人成癮的事物：像是擺拍的穿搭照、冒充藝術的偷拍照片，最近還有南瓜和秋天的樹葉」。照片的說明包含了幾十個主題標籤和老套的台詞，例如：「對於我想成為的那種人，我相信他們。」[50] 該帳號很快就引起 Instagram 用戶的迴響，在幾個月內就獲得一百多萬名粉絲，還受到許多新聞媒體的關注。五個月後，這個帳號的持有人暫停了活動，並在 Socality Barbie 的最後一張圖片中發表說明：

> 我開創 Socality Barbie 這個帳號，是為了對所有我認為荒謬的 Instagram 趨勢開個玩笑。我從來沒有想過它會如此受到關注，但是也正因為如此，它為許多重要的討論打開了大門，例如：我們會如何選擇在網路上展示自己，我們之中的許多人是多麼瘋狂熱中創造完美的 Instagram 生活，還有應該對我們的真實性和動機產生質疑。[51]

雖然 Socality Barbie 巧妙地總結和歸納出網紅（和那些渴望成為網紅的人）是如何依靠視覺／文字的比喻及主題來獲得關注、建立受眾和利用追蹤數賺錢，但是它並沒有改變網紅產業的現實：指標主宰了一切，網紅必須投入大量時間和精力來搞懂如何提高指標，而真實性是一種不斷變化的架構，但是掌握它又至關重要。如果他們偶然發現一種有效的策略，例如一種擺姿勢或編輯照片的特定方式，或是某種與粉絲互動的頻率或語氣，那麼

圖 2. Socality Barbie 的 Instagram 圖片。經達比・西斯內羅斯（Darby Cisneros）同意轉載。

他們就會繼續照做，因為他們的生計直接仰賴於此。

時尚部落客兼經紀公司創辦人阿蘭娜回顧了她的經驗：「人們出於某種原因而喜歡引述某人的話。當我貼出那些引言，我甚至不知道它會如此受歡迎，不過……在我的動態中，人們最喜歡的是當日穿搭，第二名是自拍照，第三名就是一些引言。譬如像是……嗯……『或許她與生俱來就是這樣，或許是因為咖啡因』。這句話被儲存了七百次左右，我沒誇張。對我來說創下了一個紀錄。就是有人很喜歡它，我也不知道為什麼，我希望我能夠告訴你原因。既然數據顯示這樣，我們就會多做一些這類事情。」

行銷人員在幫網紅和廣告客戶配對時，也會用網紅那越來越規格化的美學作為簡化的標記。薩賓娜解釋道：「我會根據

合作客戶尋找特定的美學類型。我現在正在與尼克兒童頻道
（Nickelodeon）合作一個計畫，首先，他們的目標之一是要有一些
可以在網頁上分享的內容。所以我立刻查看他們的網頁，看看那
裡現在有什麼。嗯，他們會有很多鮮豔的顏色，很多漂亮的顏
色，有很多空間可以給個性活潑的人發揮。這的確會幫助我過濾
我正在找的網紅。」設計類網紅露西亞在談到 Instagram 時說：
「它是一種視覺語言」，她會用語言的隱喻來決定如何在平台上
展示自己和她的作品。

　　的確，不論是「千禧粉紅」或「抹茶綠」[52] 等顏色，或是
「平鋪俯拍」等姿勢（指網紅有技巧地將物品放在地板或其他平
面上照相），許多人會跟上特定的美學趨勢，是因為用戶希望這
些**趨勢**可以為他們帶來按讚數和評論——同時提高他們的影響
力。許多網紅都說他們在設計 Instagram 動態時，會努力確保品
牌凝聚力和視覺上的吸引力。

　　網紅行銷專家和目光遠大的網紅艾麗卡說：「我會看我的動
態中有什麼豐富多彩的故事正在發生，也會看看上一篇貼文展現
的情緒。如果能吻合，就放在一起了。」網紅的美學凝聚力對廣
告商來說非常重要，因此會有像是 Planoly 等服務幫網紅在貼文
之前規畫他們的 Instagram 動態——否則可能會犯下重大的內容
錯誤。

　　整個網紅產業的從業者都說在 2010 年代中期，市場飽和的
壓力使得競爭加劇，判斷網紅是否「夠格」的標準提高了，因此
網紅只好模仿其他成功者「看起來的樣子」。我採訪的趨勢研究
員納迪亞是這麼說的：

社群媒體就是抽出了每一件事最基本的公分母，於是造就了這些非常具體的視覺趨勢。有一種風格是美觀而且容易讓人接受的，如果你想要成為互動率高的網紅或品牌……你會查看數字，並發現某些貼文的互動率就是比其他貼文高。我相信你一定會發表更多這類型的貼文……在很多時候，就是這種過分簡化的視覺敘事讓每個人看起來都一樣。

時尚部落客珍妮佛也解釋說：「在部落客的世界裡，比較是很重要的，尤其是在 Instagram。我知道我有時也會這樣做。我看到別人帳號也會覺得：我想跟他們一樣。」有時候還不只是模仿特定的配色、姿勢或編輯技巧。例如有時尚達人描述了人們如何利用化妝或甚至整形手術來模仿頂級網紅的身體特徵，希望能夠因此而獲得按讚數和其他形式的社群媒體認可。[53]

這些受歡迎的特徵結合在一起，就成了俗稱為「Instagram 臉」的某種外形。作家賈・托倫蒂諾（Jia Tolentino）描述道：「這張臉當然是年輕的，有著零毛孔的皮膚，顴骨高聳而豐滿。有貓一樣的眼睛和卡通般的長睫毛，一個勻稱的小鼻子和豐滿的厚唇。它靦腆而茫然地望向你，就像是它的主人喝了半瓶氯硝西泮（Klonopin），正在考慮邀請你乘坐私人飛機去 Coachella 音樂節。那張臉當然是白人的臉，但是種族特徵卻很模糊——讓人聯想到國家地理頻道用合成圖展示的 2050 年美國人的樣子，就好像未來的每個美國人都是金・卡戴珊・韋斯特（Kim Kardashian West）、貝拉・哈蒂德（Bella Hadid）、艾蜜莉・瑞特考斯基（Emily Ratajkowski）和有如瑞特考斯基翻版的坎達兒・珍娜（Kendall Jenner）

等人的直系後裔。」[54]

網紅會展示適當的生活風格美學以取悅受眾和確保他們的個人品牌穩定發展，而零售品牌也開始積極調整自己的美學策略，好在 Instagram 為主的網紅產業中取得成功。而雙方經常互相借鏡。以數據為主的行銷公司 theShelf 的共同創辦人蘿倫‧榮格（Lauren Jung）在 2015 年的訪談中分享了一個令人難忘的例子：

> 我們一直在研究 J.Crew 的密鑲手鍊。它已經推出好幾年了，我們看到它出現在許多部落格中。這款手鍊被提及的次數實在是多到太荒謬了。通常 J.Crew 會在某一季推出一些東西，然後下一季就換成別的，但是這款手鍊一直在銷售，而且人們仍然瘋狂談論。我不確定這個潮流是不是 J.Crew 開創的，但是在他們之後，我們就看到許多其他品牌也推出了幾乎相同的手鍊。它的確在網紅圈紅極一時，我不知道這是有意為之，還是有幾個網紅喜歡它，才開啟了這股風潮，但的確是越演越烈。

在訪談中，的確有幾位產業專家分享了軼事，顯示有越來越多商品的生產似乎是為了配合視覺文化和 Instagram 的當下產生的商業機會，這描繪出一種永無止境的創作回饋循環。就像是《Refinery29》的觀察所示：「由於這種『沒發在 IG 就不算真的有發生過』的心態，某些商品會在某個名人或網紅貼文之後就一夕爆紅……在你還不知道這個東西之前，你的動態就充斥著同樣一件扇貝形的比基尼或設計師款運動鞋了。」[55]

為了發 IG 而做

對品牌和網紅來說，「專為 Instagram 打造」的心態最後除了決定產品本身和它們要如何在應用程式上拍攝及呈現之外，影響還及於整個體驗領域。網路媒體《BoF 時裝商業評論》（*Business of Fashion*）勸它的讀者「別再想著**產品**，改為開始想成是**作品**」。[56] 各類的品牌也都把這個呼籲聽進去了。舉例來說：香奈兒（Chanel）就有嘗試探索時裝秀場奇景的新巔峰，他們在一場時裝秀上布置了整個超市場景，另一場秀則是一場有爭議的女權主題抗議遊行。網路媒體《Quartz》的一位作家觀察到：「這些適合拍照、分享、『可以放上 Instagram』的時刻，現在對於想要全球知名度的設計師而言都至關重要。我們對某批時裝的第一印象不再是來自報紙、雜誌或商店櫥窗，而是來自我們的手機。」[57]

瑪麗亞是一位美國設計師的行銷總監，她解釋如何改善品牌的社群媒體形象：

> 我所做的就是選擇有趣的場景，並且創造能盡可能讓人用上所有感官的體驗。我們發現「重複」本身就是很受歡迎的視覺效果。所以我們會做一些令人難以置信的事，例如：把某個東西大量堆得老高，或是用令人無法相信的方式排列，創造出一種超級豐富的紋理，讓人甚至不敢相信自己的眼睛。我們的團隊注意到、也經常討論的另外一件事是在幾年前，人們還會希望有一個特定的拍照時刻，例如有一個拍照區域，它的規定就像是

「你可以在這裡給自己拍照」。而現在，每個人都比較
像是——大家都已經習慣成為內容的創作者，像是自己
的內容的創造者，我覺得比較能引起人們反應的是一個
感覺很適合照相的環境，人們可以自己決定要在那樣的
環境中擺出什麼姿勢，並創造一個對他們來說比較原創
和真實的內容。所以就不是設定好一個完美的步驟讓大
家重複（雖然說如果你有一個可以重複做的完美步驟，
大家也會用）人們比較希望有一個藝術裝置在那兒，他
們可以自行決定要擺一個正規的姿勢，還是要拍一張自
拍照，或是拍一個有點搞笑的東西，諸如此類。相較於
單純重複某個步驟，人們想要的是在一個能夠反映出自
己個性的空間中，做出更多自己會做的事情。

其他還有許多細節。堪比細節魔人對細節的關注。我們
做過的事包括在雞尾酒餐巾紙上印一些填字遊戲，然後
把空格全部填滿。這不啻顧到最小的細節，當有人拿到
飲料又接下一張餐巾紙時，他們就會知道這個巧妙的
設計其實是在與品牌的聲音對話。我們就是提供服務，
而對他們來說則可以立刻構成一張照片，還有其他一百
萬個小細節可以讓他們拍照，而這些細節似乎都很受
歡迎。

不是只有零售品牌會為了在社群媒體上取得成功而設計一些
體驗。數位媒體《Refinery29》在 2014 年推出的 instameets 也是
把 Instagram 上的知名網紅帶到工作室，「在他們周圍擺滿了模

型和道具，例如可以食用的彩通（Pantone）色卡、色彩鮮豔的糖果和迪斯可球」。[58]《Refinery29》的執行創意總監告訴《紐約時報》：「那裡就是一個遊樂場。那次活動帶來一百二十八篇貼文，都有標記『#r29instameet』，並獲得七萬八千多個讚。那天有五百九十名用戶成為 Refinery29 的 Instagram 粉絲，比平常的每日流量高出 50% 以上。」[59]

發想出這些體驗的公司其實是為了自己的目標，因此需要接觸和經營網紅的受眾，而參與的網紅則通常把這視為一種交換條件。一名網紅在同一篇文章中告訴《紐約時報》：「我對於這樣做沒有什麼意見。我有我自己的品牌，和這個活動也百分之百符合。」[60] 此外，這些照片獲得的按讚數和後續的能見度也對網紅很有價值。《Refinery29》的 instameets 後來進化成他們的 29 Rooms 展場，那是一個活動式展示「風格、文化和創意的遊樂園」，[61] 參與者大概花四十美元就可以「創造、經歷和探索多重的感官遊樂場」。[62]

在 29 Rooms 之後，又相繼有其他可以放上 Instagram 的體驗推出，它們助長和加大了網紅及其他用戶「為發 IG 而做」的動力，也利用這個機會建立起網路影響力。例如：紐約市冰淇淋博物館（Museum of Ice Cream）在 2016 年開張，展期為期四十五天，入場券在不到一個禮拜內就賣光了。還有二十多萬人在候補，其中一些人甚至睡在曼哈頓米特帕金區（Meatpacking District）的博物館臨時場地外面，看看有沒有機會進入「龐大的互動區，看到讓人有模糊幻覺的糖果主題展……好在看似無垠的背景中拍一張可愛的自拍照」。[63] 網紅行銷公司 Village Marketing 在 2018 年買下一間紐約市的公寓，專門為了 Instagram 的拍照目的而設計，並

開始出租。《紐約時報》的一名作家形容這間公寓是：

> 自然光線充足，有挑高的天花板、閃閃發光的硬木地板
> 和屋頂平台。客廳裡有一張玫瑰色（稱作千禧粉紅）的
> 沙發，廚房裡有落地式的葡萄酒櫃，書櫃裡放滿了書，
> 那些書是根據它們的外觀（而不是內容）挑選的。白色
> 的牆壁沒有一絲污點，絕對沒有絲毫凌亂。沒有人住在
> 那裡。這個兩百二十三平方公尺 [1] 的空間每個月的租金
> 是一萬五千美元。它是專門為了 Instagram 明星設計的背
> 景，預訂已經排到十月了。[64]

當時有一些公司和研究人員試圖回答**為什麼**這些特定的視
覺趨勢變得如此重要。Curalate 是一家費城的新創公司，它會幫
品牌改良社群媒體貼文，該公司發表了一系列報告，都是針對
Instagram 和 Pinterest 圖片的分析，其中列出了以下調查結果：

- 單色的圖片比多種顏色的圖像更受歡迎，按讚數高出
  17%。
- 高亮度圖像比深色圖像獲得的按讚數高出 24%，低飽和度
  的圖像比「色彩鮮豔」的照片獲得的按讚數高出 18%。
- 有大量背景的圖像比沒有背景的圖像獲得的按讚數高出
  29%。有紋理的圖像獲得的讚數多出 79%。[65]

Curalate 的創辦人阿普·古普塔（Apu Gupta）告訴《連線》雜
誌：Curalate 這類公司最後「會根據過去的結果，在照片上傳之

圖 3. 冰淇淋博物館。圖片經冰淇淋博物館同意轉載。

後立刻預測該照片的成績。預測引擎甚至能夠根據特定 Pinterest
或 Instagram 粉絲群體的特性進行自我調整」。[66]

　　品牌、網紅和其他社群媒體用戶都很樂見這類數據的發布，
這似乎證實了傳聞說他們的確有一些特定方法改進自己的美學，
好獲得最大的指標效益。但是當該產業的人越來越知道如何預測
哪些類型的內容、品牌合作和受眾的互動有助於他們的知名度、
利潤和影響力，他們的行為也將使得人們對該系統聲稱的真實性
產生質疑。

　　2015 年發生了兩起備受矚目的事件，明白顯示出網紅領域
的工作前景和壓力。哈佛商學院（Harvard Business School）對時尚部

[1]　編註：約 67.4 坪。

落格「The Blonde Salad」及相關機構進行了案例研究，等於認證該產業是上得了檯面的。「The Blonde Salad」的創辦人琪亞拉・法拉格尼（Chiara Ferragni）在 2009 年創立了這個部落格，當時她還在她的祖國義大利念法律系。到了 2014 年，她的事業已經大幅成長，她創立和經營的母公司 TBS Crew 旗下還擁有鞋子的產品線、經紀部門和其他一系列項目。法拉格尼擁有數百萬名 Instagram 粉絲，與知名廣告商往來，也與古馳（Gucci）和路易威登（Louis Vuitton）等品牌合作，她還登上多本國際雜誌的封面，公認為是世界上最頂級的社群媒體網紅之一。哈佛商學院認為她和她的公司值得列入該校知名的案例研究之一，這提供了產業界的認證，也代表個人品牌商業化的模式已經成為普遍常態。網路媒體《Bustle》極力贊同哈佛的判斷：「可以給我們來一個大大的『是』嗎？」又加上一句：「或許這個特定研究最酷的部分是：它是哈佛大學首度關注部落客的案例研究——這證明部落客的發展和他們的商業未來是擋不住的。」[67]

　　這樣又新又超高效率的系統使標準浮動的影響力指標和真實性概念被轉化成可以出售的商品，不過，就在 2015 年的網紅熱潮中，它也開始出現裂痕。擁有超過五十萬名 Instagram 粉絲、每一則受贊助貼文都可以獲得大約兩千澳幣收入的澳洲青少年依珊娜・歐尼爾（Essena O'Neill）在該年十一月刪掉她的數千張動態圖片，剩下的圖片說明文也都改成詳細說明她在每一則貼文裡暗藏的贊助商和情緒騷動，她也在 YouTube 上傳一支影片，影片中聲淚俱下地宣稱「社群媒體不是真實的生活」。[68] 那段證詞長達十七分鐘，重點在說明社群媒體網紅隱瞞的產業動態，以及她為何認為這些不是為了利社會（prosocial）的目標。她說：

我想說的有很多……我對社群媒體世界有深入的了解，
我相信沒有多少人知道它是如何與廣告配合……這一
切是多麼虛假。我說虛假，是因為我不認為任何人有惡
意，我認為他們只是像我一樣深陷其中。

我被這所有的財富、名聲和權力所圍繞，它們都會帶來
痛苦。我從來沒有這麼痛苦過……我擁有一切，然而我
想告訴你的是：在社群媒體上「擁有一切」對你的真實
生活毫無意義。

我所做的一切都經過編輯和設計，都是為了獲得更多
產值……我所做的一切都是為了被觀看、按讚、增加粉
絲。社群媒體現在已經成為一門生意……如果你不認為
它是一門生意，你只是在騙自己。[69]

歐尼爾的影片引起全世界媒體的關注，也成為討論的熱
點，相關討論包括社群媒體所謂的真實性和它帶來的看不見的
壓力。歐尼爾本人也受到嚴厲的批評，有些人懷疑這完全是一場
騙局。[70] 批評的人認為歐尼爾是在自導自演，她只是為了吸引注
意力，好獲得更多知名度和品牌交易，但是批評她的人似乎錯
了——歐尼爾很快地就完全不在社群媒體上發文，新聞報導也減
少了，顯然這個舉動的本質是要表達強烈的反對。它揭露了社群
媒體用戶和產業觀察家日漸加深的懷疑——他們開始認為網紅只
不過是在利用這個產業的規則和工具建構出一個宣傳大秀所組成
的俄羅斯娃娃，看似真實的「吐露」，只是掩蓋了鏡頭下的人物

背後還有接下來的報酬和謀畫。

在 2010 年代的前半，網紅產業提高商業效率的方法包括讓廣告活動的一些核心業務（對網紅的評估、選擇和定價）變得更順暢；探索更通用和有效的方法讓內容商業化；以及改善推動產業發展的指標和美學。這些新工具和作法的後果，例如對網紅創作的贊助內容有更嚴格的規定、線上和線下體驗都流行特定的視覺趨勢，以及猖獗的自我商業化，這些都破壞了該產業是人人可為和真實的自我形象。同時，這些動態也有助於該產業以驚人的速度成長，估計的產值在 2010 年代中期已經超過十億美元，[71] 隨著 Instagram 等平台日漸成為社交、購物和自我表達的中心，它將自我塑造成品牌和用於營利的獨特邏輯也滲透到日常的社交和文化體驗。這並不令人驚訝，媒體研究者愛麗絲‧馬維克（Alice Marwick）指出：「社群媒體的技術面機制反映的是生產它們的環境的價值觀：而這個文化，就是由商業利益主導。」[72]

雖然網紅產業努力提高生產線的效率，但是這些追求效率的努力無法帶來一個零缺點的商業模式。（漢納希解釋說：「我的工作是一台巨大機器裡非常微小的一部分，有人購買時就會開始啟動……有一整個團隊負責達成 KPI 和轉換──而都與我無關……我甚至不必接觸那個產品，我們的分工就是那麼細……這是一條很長的生產線，我只要加入我的部分，做好那個部分，然後就退出。」）

琪亞拉‧法拉格尼雖然和依珊娜‧歐尼爾受到非常不同的關注，但都是在提醒整個產業和大眾：網紅從最根本來說是為許多企業創造價值的勞工。重要的還有揭示出即使是這樣令人嚮往的生活方式典範，也會受到各種產業壓力的影響，這些壓力在某種

程度上會決定人們如何展示自己——即使是最「真實」的內容，背後也都有一個複雜的利害關係系統。我會在下一章中探討網紅產業在 2010 年代末期的演變，它還在持續成長，而大眾對其內部運作也有了更多認識和懷疑。

第四章

揭露影響力的陰謀，
並重新定位

　　表揚「最佳社群媒體創作者」[1]的肖蒂獎（Shorty Awards）在
2018 年四月頒發第十屆，卻因為一個不尋常的喧鬧事件而成
為頭條新聞。擔任頒獎者的演員亞當・佩里（Adam Pally）脫稿演
出，在一段十分鐘的演講中，對社群媒體的網紅生態提出嚴厲的
批評。佩里特別批評似乎沒有任何一個專業的創作者可以擺脫
網紅產業的邏輯。他指出他「真的很擔心」那些年輕網紅，他
們當晚就只是因為有社群媒體身分就可以受到慶賀。他氣惱地說
「我以演員身分認真奮鬥了很長一段時間」，像是在暗示他現在
為社群媒體行銷頒獎有多麼荒謬。有一名觀眾大喊：「那就刪掉
你的帳號！」（這句話在網路社群中通常帶有侮辱的意思）佩里
回答：「天哪，我希望我能。」後來他大概是回歸擬好的講稿上
了，接著說：「這個獎項是為了表彰這一整年在 Instagram 上表
現最佳的品牌……有這麼多品牌在 Instagram 投入資源，真令人

印象深刻。」接著他又加上一句：「……是嗎？」佩里最後告訴觀眾：「這真是夠了。」他最後在護送下走下舞台。

佩里這段影片廣為流傳，獲得多家媒體的報導，而且幾乎一面倒地表示支持。報導中說佩里的抨擊「引人發笑」，[2] 而肖蒂獎則很「可怕」，[3] 媒體前仆後繼地說網紅產業是單方面散播毒素，而佩里則是敢於揭穿這件事的局外人，因此值得人們尊敬。《Quartz》認為：「佩里那番激怒眾人而且完全不看場合的長篇大論感覺很真實——我們這些面對到社群媒體超量負荷的人都可以理解。」[4] 網路媒體《影音俱樂部》（A.V. Club）寫道：「我們說不出責怪他的話。」[5]

的確，在社群媒體普遍飽和、人們對科技公司和負責監管的政府越來越不信任的情況下，佩里的爆發似乎也恰如其份。十八歲到四十九歲的美國成年人口在 2018 年有超過四分之三會使用社群媒體，其中大部分會使用不只一個平台。尤其是有超過三分之一的美國成年人會使用 Instagram。[6] 有四分之三的美國成年人擁有智慧型手機，這促成美國人與社群媒體幾乎是綁在一起——而品牌和行銷人員也迫切希望利用這種情況。[7]

更迫在眉睫的是，在肖蒂獎事件的前十八個月中，出現了一系列嚴重而且影響深遠的醜聞——包括對 Facebook 不當行為的報導幾乎不斷出現，例如 Facebook 將用戶資料洩露給政治諮詢公司「劍橋分析公司」（Cambridge Analytica），而且長年來箝制用戶，又始終不制止提供錯誤訊息的宣傳活動。這表示人們對社群媒體世界的焦慮大概已經無法避免了，對它潛在不良影響的想像也一發不可收拾。尤其在 2010 年代末，人們普遍對造假（不論是「不真實」的社群媒體人物，或是企業和政府對事實的歪曲）

感到焦慮，網紅當然很容易成為群體蔑視的對象。這些令人心生嚮往的榜樣難道不是虛偽的利己主義者嗎？他們自稱「真實的」自我品牌，往最好的方向說也只是為了銷售產品，而在最壞的情況下，則是一個充滿欺騙、甚至還可能引發公民危機的體系。

泰勒・洛倫茨（Taylor Lorenz）替《每日野獸》（*Daily Beast*）新聞網站撰稿，她在大眾媒體上說佩里是在詆毀，把佩里的叫囂描述為十分「粗魯、自以為是、一副局外人的姿態」，還呼籲其他人不要「稱他為英雄」。[8] 洛倫茨指出與會的數百名創作者（包括社群媒體的內容創作者和各種行銷及廣告團隊）都只是想做好自己的工作。事實上，雖然在 2010 年代末的確有一場堪稱明顯的文化轉變在質疑人們投入網紅產業的倫理和動機，但是那些讓網紅產業不僅存在、而且蓬勃發展的結構性條件則沒有任何實質變化。對許多人來說，經濟衰退造成的職業「創傷」依然存在，因此個人品牌和創業精神還是受到重視。[9] 人們開始認為廣告是逃不掉的，甚至連《紐約時報》和《富比士》（*Forbes*）等傳統新聞媒體都在內部成立了內容工作室，因此擋廣告和其他形式的「封鎖」也只會變得越來越盛行——這表示廣告商得繼續尋找不惹人厭的管道分享資訊。社群媒體的使用頻率大幅增加，廣告商每一年都有越來越多資源投入網紅行銷，因為他們相信在社群媒體上出名的「真實人物」會比傳統名人更具有影響力。Collective Bias 公司在 2016 年指出：人們花在看網紅內容的時間是觀看網路廣告的七倍。[10]《創業家》（*Entrepreneur*）雜誌在 2017 年的報告也聲稱，比起傳統的廣告或名人代言，92% 的消費者會更相信網紅。[11] 網紅活動的數量在 2018 年成長為兩倍，Instagram 占了其中的 93%。[12]

　　換句話說，網紅行銷比起以往任何時候都占據了更高比例，也更有力量——它在 2018 年的估計值超過二十億美元，而且預計在 2020 年代會達到一百億至兩百億美元 [13]——即使公眾對技術和監管機構的信任度經歷了一場強烈而重大的震動。人們對社群媒體背後隱藏的機制普遍感到越來越懷疑，因此便有像是 #DeleteFacebook 等草根的社群媒體運動在鼓勵用戶脫離社群媒體。網紅產業的利害關係人必須考量已經造成的損害，再決定繼續往前進的最好方法。

　　上一章最後提到的琪亞拉‧法拉格尼和依珊娜‧歐尼爾事件在本質上有很大的不同，但是她們的案例都向公眾展示出社群媒體生態已經變得徹底商業化。她們也揭露了網紅產業有些潛在的問題，有時候甚至令人不快，這些問題之前一直藏在公眾的視野之外。接下來的幾年中，以龐大的社群媒體醜聞為背景（包括困擾著 Instagram 母公司 Facebook 的醜聞），有一系列重大事件不斷暴露出該產業的基礎出現了裂痕，掀起了所謂對網紅的抵制。[14] 我會在本章中概述對網紅產業造成重大公開挑戰的三起事件。如同佩里事件和後續報導所證明的，網紅的工作越來越受到懷疑和嘲諷。所以接著我會探討如果人們不再輕易相信網紅的真實性，那麼產業內的各個利害關係人會用什麼戰略決策取得成功。如果要維持影響力，找到新的形式來定義和表達真實性可謂至關重要。

公開爭議

聯邦的牽制

聯邦貿易委員會（Federal Trade Commission，FTC）在 2015 年六月更新了代言指導方針，這是在 2010 年之後的首次變革。長期以來的立場不變，即「必須在社群媒體上『清晰且明顯地』揭露」品牌與代言人之間的實質關係，[15] 除此之外，FTC 還史無前例地新增了各種社群媒體廣告問題的詳細指導方針，包括明訂要在標題的哪裡揭露外部連結，以及哪些主題標籤是適合的（#ad 和 #sponsored 可以接受；#spon 和 #thanks 就不行了）。許多行銷人員將這些更新解讀為替即將到來的牽制打響了訊號——他們其實沒有錯。

或許最值得注意的案例是 FTC 指控百貨連鎖店「羅德與泰勒」（Lord & Taylor）聯合進行了一場有欺騙性質的網紅行銷活動。羅德與泰勒為了促銷新的 Design Lab 系列中的某一款洋裝，而在 2015 年三月與五十位 Instagram 網紅和《Nylon》雜誌合作。這幾名網紅和《Nylon》都在同一個週末使用經羅德與泰勒同意的文字發布該款洋裝的照片，《Nylon》還刊登了一篇有關 Design Lab 的文章（也經過羅德與泰勒的編輯和贊助）。網紅都免費獲得了那件洋裝，她們的貼文也都獲得一千美元到四千美元不等的報酬。[16] 這件洋裝在幾天之內就賣光了。

羅德與泰勒的行銷總監邁克爾·克羅蒂（Michael Crotty）告訴《廣告週刊》：「這個企畫是要在顧客每天都會登入和享用內容的地方，把 Design Lab 介紹給她。[17] 企畫宗旨是想讓顧客在看到自己的動態牆後，好奇為什麼她喜歡的部落客都會穿這款洋裝，

而 Design Lab 又是什麼？用 Instagram 作為企畫工具是一個合理的選擇，尤其是關乎時尚的內容。」不過，不論是提供商品和酬金，或是羅德與泰勒在所有相同的內容創作中的角色，這些合作關係都沒有被適當揭露。

　　FTC 對這個控訴的解決方式是明確禁止羅德與泰勒「誤導消費者，讓消費者以為任何一位代言人是與品牌無關或普通的消費者」，並「替公司的代言活動制定了監控和審查計畫」，讓未來的違規行為會面臨執法及高額罰金。[18] 產業觀察家認為如果品牌、行銷人員和網紅不改變他們對贊助內容的作法，該案件就會成為他們未來的借鏡。一名廣告商律師在接受《華爾街日報》（Wall Street Journal）採訪時強調：羅德與泰勒的活動是「整合行銷活動的興起與受到廣泛採用的一個好例子」，廣告商「必須確保流程和系統到位，把該做的事情做好」。[19]

　　除了 FTC 外，其他政府機構也面臨網紅行銷帶來的難題。美國食品藥物管理局（U.S. Food and Drug Administration，FDA）在 2015 年對「由實境秀明星轉型的超級網紅」金・卡戴珊・韋斯特[20]（她當時擁有一億三千多萬名粉絲）和製藥公司 Duchesney 發出公開譴責，因為他們在卡戴珊・韋斯特的 Instagram 帳號合作發表了一篇貼文，該則貼文的圖片是卡戴珊・韋斯特拿著一瓶治療孕吐的藥物 Diclegis，並在文字中稱讚該藥物讓她在懷孕期間不常身體不適。這則貼文並沒有指出 Diclegis 可能產生的副作用或風險，也沒有說明這款藥物並沒有仔細研究在被正式診斷為嚴重孕吐或妊娠劇吐的女性身上的療效，即使這款藥物的目的是要治療這些症狀。FDA 向 Duchesney 和卡戴珊・韋斯特發出公開警告信，要求他們刪除該則貼文，並以新貼文指出他們的失誤，以及

原貼文中遺漏的大量細節。

聯邦機構和各部門都繼續密切監控網紅。國土安全部（Department of Homeland Security）甚至製作了一份要監控的「媒體網紅」清單，以便「發現所有與國土安全部或特定事件有關的媒體報導」，這引起了人們對於政府插手保護或監控新聞自由的擔憂。[21] 不過，FTC 仍然是監控社群媒體網紅和實施贊助法規時最重要也最活躍的機構。在 2016 年到 2017 年之間，該機構向大網紅發出了一百多封警告信，指出他們沒有充分揭露受贊助的資訊。它也多次更新行為指導方針，好跟上該產業的技術能力以及揭露資訊的社會規範的快速變化。例如：Instagram 新增的一個選項是可以在照片上用標示位置的方式標註品牌，這樣就會顯示出兩者的關係。這個作法是在貼文頂部以小字體標註品牌的名稱，但是 FTC 裁定僅這樣做還不算是充分揭露。[22]FTC 廣告實務部門的副主任瑪麗·恩格爾（Mary Engle）告訴《PRWeek》雜誌：「我們並不是說一定要用什麼特定的文字或詞彙，但是揭露的資訊必須能夠清楚傳達品牌和發文者之間的財務關係或交換。揭露的方法也必須確保消費者不至於錯過或看不到它。」[23]

Fyre 音樂節

在 2016 年十二月，有數十名所謂的超級網紅在她們的 Instagram 動態貼出一個橘色方塊；這些人包括擁有兩千三百萬名 Instagram 粉絲的貝拉·哈蒂德、兩千兩百萬名粉絲的艾蜜莉·瑞特考斯基，和兩千萬名粉絲的海莉·鮑德溫（Hailey Baldwin）。旁邊的說明文字展現了對「Fyre 音樂節」（Fyre Festival，#fyrefestival）的興奮之情，但是除了音樂節的網站連結之外，幾乎

沒有提供任何細節。同一天在 Fyre 音樂節的網站和 YouTube 上也發布了一段宣傳影片，影片中的網紅等人（包括參與音樂節策畫的嘻哈樂手傑・魯〔Ja Rule〕）在加勒比海的海灘上嬉戲、跳下遊艇、比賽水上摩托車和享受冰涼的冷飲。影片許諾會帶給參與者「兩個革命性的週末」，在「曾經由傳奇毒梟巴勃羅・艾斯科巴（Pablo Escobar）所擁有的……偏遠私人島嶼上」帶你「身歷其境一場音樂盛典」。[24]《紐約客》（New Yorker）的作家賈・托倫蒂諾說這段影片「的描繪完全就是一般人認為的 Instagram 夢幻生活……它的背景就只有拼湊出的天堂樂園」。[25] 這部影片幾乎沒有提供活動的真實細節（沒有表演陣容或是交通和住宿資訊），但是它證明眾口鑠金的網紅行銷的確可以取得立即成果。售價高達數千美元的門票據稱包括音樂節的入場券、豪華住宿，許多還有包括從邁阿密到該島的私人機票，票券很快就銷售一空。

　　音樂節原訂於 2017 年四月的最後一個週末和五月的第一個週末舉行。早在音樂節前的幾個月，就有許多人對音樂節看似行銷過了頭的承諾提出質疑。廣告上宣傳的音樂節地點 Fyre Cay 並不是一個真實的地方，而是音樂節發起人替他們屬意的舉辦場地——巴哈馬（Bahamian）群島中的一個小島取的名字。然而島上缺乏基礎設施，這對音樂節策畫團隊來說是一個太大的障礙，因此他們將活動地點換到一個名叫大埃克蘇馬（Great Exuma）的比較大的島上。新的宣傳資料表示音樂節的地點還是很偏遠、遺世獨立，但是 Fyre 音樂節提供的場地圖似乎是取自 Sandals 度假村後面的一塊水泥地的鳥瞰圖。這個事實是由匿名的 Twitter 帳號 @FyreFraud 指出，此帳號出現在 2017 年三月，不時會試著引導人們注意到 Fyre 音樂節的前後不一致和幕後操作。

　　在活動將近時，主辦單位開始與購票者聯絡，並提出一些奇怪的要求。其中一則訊息說該活動中不會使用現金，因此要求購票者立即將現金存入帳戶，購票者到了島上之後會收到一條腕帶，帳戶會連結到腕帶；主辦單位建議購票者依待在島上的日數計算，每一天約須數百美元。《華爾街日報》在 2017 年四月的報導中指出所有預計上場表演的重要藝人都沒有收到報酬，而且那場音樂節「爭取有錢人贊助才能夠繼續下去」。[26] 在活動開始的前幾天，購票者還是不知道航班或住宿的資訊，他們試圖詢問主辦單位，也都沒有獲得回覆。Fyre 音樂節開始刪除 Instagram 上對該活動表達質疑或負面看法的評論。最後，在即將要舉辦音樂節的第一個週末的前一天，其中一組主力藝人宣布退出活動。

　　雖然有這些危險信號，但還是有數百名購票者帶著希望，登上飛往大埃克蘇馬的飛機，他們堅信這些網紅都很誠實，這些網紅宣傳的奢華活動也都將成真。但是在記者看來，購票者到達場地後，看到的卻是一場「慘案」、「災難」和「世界上最大的失敗」。[27] 購票者期待的豪華交通和住宿並沒有出現，主辦方只用校車把他們載到祭典場地，場地的設施也還沒有全部完工，只有搭好救難帳篷和潮濕的床墊供住宿之用。電力、食物、水和淋浴設備都極其缺乏。恐慌隨之而來，購票者爭先恐後地索求各種資源——或是返回機場等待回航的班機。社群媒體的貼文即時記錄了這場活動的潰敗，憤怒的購票者使用 #fyrefraud 和 #dumpsterfyre 等主題標籤分享照片、影像和他們當場描述的經驗，記者也把這些報導傳播給廣大的讀者。《Vice》的一名記者將現場情況描述成「Instagram 頂尖網紅版的蒼蠅王（Lord of the

Flies）[1] 情境」。[28] 二十四小時後，音樂節的主辦方正式取消了這個活動和所有載送購票者前來的航班，反而需要空飛機從邁阿密飛來「拯救」島上的人們。[29]《浮華世界》雜誌（Vanity Fair）觀察道：「Fyre 音樂節生於 Instagram，也亡於 Instagram。」[30]

幾天內，就有人對 Fyre 音樂節的主辦單位提出了幾起訴訟，特別針對創辦人比利·麥法蘭德（Billy McFarland）和傑·魯，他們被指控的罪名包括詐欺、疏忽和違反消費者保護法。有人指出麥法蘭德和魯「付費給四百多名社群媒體的網紅和名人進行宣傳，以誘騙人們參與活動」。[31] 麥法蘭德在 2017 年七月遭到逮捕，並於 2018 年因詐欺而被判處六年徒刑。[32] 音樂節行銷策略中最重要的網紅都有拿錢，[33] 但是在本篇寫作時，幾乎所有的其他相關人士，包括搭建場地的巴哈馬當地勞工和購票者，都沒有收到報酬或賠償。[34]

Fyre 音樂節的一敗塗地當場就被上傳到社群媒體，因此它馬上變得聲名狼藉。觀眾看到那些滿心期待的有錢購票者處於什麼境地——他們只是響應了魅力萬千的社群媒體明星所做的號召，隨後就陷入這種缺乏基本必需品的處境；大眾也看到了 Fyre 的創始人那幾乎不可置信的傲慢程度（因此他們才能向數千人詐騙數百萬美元）。這些描述實在太吸引人注意了，甚至還成為 2019 年初發表的兩部紀錄片的主題。（Netflix 的紀錄片《FYRE：國王豪華音樂節》〔Fyre: The Greatest Party That Never Happened〕是由 Jerry Media 製作的，創辦此公司的 Instagram 網紅也曾經幫 Fyre 音樂節做廣告。這部紀錄片也證明了網紅產業在經濟和文化上的強大影響力。）

Fyre 讓我們看到網紅得到粉絲的多少信任。雖然事先已經有

種種跡象顯示音樂節遠不如聲稱的效果，但是參加的人都不管報導說會有什麼等在前方，他們還是抱著最高的期望登機前去。網紅行銷非常有效，粉絲都相信網紅代言的就是可信賴的真實（因為網紅的人設就是真實而友好的），即使面臨相互矛盾的資訊，也不改粉絲的信任——這完全凌駕了邏輯。

串流服務 Hulu 的紀錄片《豪華音樂節欺詐案》（Fyre Fraud）的其中一名出演者說：「他們利用網紅和社群媒體策略發出的刺耳聲響是如此勢不可擋，不只是各種有錢的傢伙會給他們錢，基本上就連事實都被忽略了。」此外，Fyre 這場災難也替網紅生態的不穩定性提供了註解，不斷追求金錢和地位的壓力是如此之大，以至於頂尖網紅就算是根本搞不清楚細節，還是會接受承諾提供這些事物的交易。粉絲也願意對網紅提倡的生活風格買單，甚至花費數千美元參加一場除了社群媒體的宣傳之外幾乎無法證明其真實性的活動。這是一個強有力的信號，顯示現實情況和社群所呈現的「真實性」之間出現嚴重的斷裂。

假粉絲

《紐約時報》在 2018 年一月發表了一篇深入報導，內容是有關社群媒體上的「假粉絲」興起。[35] 雖然部落客和網紅多年來都有一些增加粉絲人數的難看作法，[36] 但是《紐約時報》的報導揭露了一個龐大的生態系統——有一個所謂的「黑市」在替網路

---

[1] 譯註：《蒼蠅王》是英國小說家威廉‧高汀（William Golding）在 1954 年發表的寓言體長篇小說，故事中描述一群被困在荒島上的兒童在完全沒有大人的引導下，建立起一個脆弱的文明體系，但是最終卻因為人類內心的黑暗面，而使得這個文明體系被野蠻與暴力所取代。

內容創作者以及新聞記者、政治人物和演員提供正牌網紅需要的「真實」粉絲。這篇報導的重點是一家叫作 Devumi 的公司，Devumi 是一家 Twitter 機器人供應商，它保證「我們的粉絲看起來就和其他粉絲沒有兩樣，而且會增加得很自然。除非你告訴別人，否則沒有人會知道」。[37] 不過它的確揭示了社群媒體中普遍存在的趨勢。

　　當中最明顯的就是網紅經濟的基本邏輯：要在社群媒體上取得能見度，要培養粉絲，並且轉化成財務和社群機會，這些是在數位時代的職業成功不可或缺的。一間搜尋引擎最佳化公司的創辦人告訴《紐約時報》：「如果你看到誰有比別人多的粉絲人數或是比較高的轉推次數，你就會認為這個人很重要，或是這條推文很受歡迎。」[38] 一名女演員說：「每個人都會這樣做。」[39] 我們也看到人們為了有效參與這個系統會做到什麼程度，他們有時候會花費數千美元增加粉絲人數。屈服於這種網紅經濟邏輯的不只有渴望達到巔峰的網紅、或是懷抱著網紅夢想還在掙扎的人；該篇報導揭露連演員約翰・李古查摩（John Leguizamo）、戴爾電腦（Dell Computer）的創辦人億萬富翁麥可・戴爾（Michael Dell）、和英國議員瑪莎・萊恩・福克斯（Martha Lane Fox）等知名的專業人士都在向 Devumi 購買粉絲。

　　最令人不安的是，《紐約時報》的報導還描述了網紅體系的這個弱點是如何威脅到無數人的隱私和福祉。Devumi 賣出的許多帳號其實是盜用了毫無戒心的真人用戶在網路上的真實身分。《紐約時報》特別報導了一名十七歲高中生的案例，該名學生的姓名和肖像被盜用來創建一個由 Devumi 出售的帳號，該帳號還轉發了一些有爭議和有害的內容，包括色情圖片。此外，像

Devumi 這樣的機器人零售商並不會自己創建假帳號，他們的帳號經常是從批發商那「蓬勃發展的全球市場」購買而來。[40]《紐約時報》提供了詳細的分析和圖表說明假粉絲市場的興起以及檢測方法，其中也顯示網紅產業的這一角已經變得多麼複雜，而且通常令人搞不清楚。

就在幾個月後，2018 年五月，聯合利華（Unilever）的行銷總監基思・威德（Keith Weed）宣布該公司將不再與購買粉絲的網紅合作；這間全球排行前幾名的廣告商有超過八十億美元的行銷預算是由他監督[41]。此外，他也呼籲社群媒體公司應該「協助鏟除這個生態系統中不好的作法」。[42] 威德告訴路透社（Reuters）：「還是有許多好的網紅，但是也有一些害群之馬。而問題在於：一旦信任被破壞，每個人都只能走下坡。」[43] 威德是在坎城國際創意節（Cannes Lions）這場一年一度的全球行銷盛會中發表這番宣告，他的言論在創意節和其他地方都掀起了波瀾。Econsultancy 認為「有些品牌較少仔細審視合作的網紅和網紅公司，這番話是在為他們敲響警鐘」。[44] 其實有許多品牌都發聲支持聯合利華的決定，並響應「整頓」網紅行銷的呼籲。[45] 不過監控網紅的粉絲是否合法是一項艱鉅的任務，問題之一是就算網紅之前沒有假粉絲，他也隨時都可以開始買。就在《紐約時報》的報導引發公眾意識的幾個月後，威德的宣告就對網紅領域的詐欺提出有力的控訴，不過他的呼籲面臨的實際障礙也顯示：網紅產業的真實性靠現實世界的證據維繫，要重建是如此困難《Racked》的觀察認為「整頓只有一陣一陣的」。[46]

戰略重新定位

行銷人員

　　在這些爭議之後，行銷人員為了恢復他們作法的可信度，以及他們資助的網紅的可信度，於是對資料的收集和分析益發關注，也擴大了他們對網紅的定義。在所有的這些調整中，行銷人員都欣然接受、也經常熱心地遵守 FTC 的新指導方針，並要求社群媒體貼文需明顯而清楚地揭露訊息。網紅策略總監漢納希承認「這很難。有很多事情得跟上……我們要用 #ad 嗎，或是這算不算是贊助，還是 FTC 今天有做什麼，噢，他們剛剛發布了另一份兩百頁的指導方針，我得去讀一下」。不過，360i 公司的馬丁說：「消費者真的會聽網紅的話。會聽從網紅意見的那一群人不會因為品牌經常付費給某個人而卻步。網紅的偉大之處在於他們的粉絲對這段關係給予的信任……並不亞於對自己的朋友。所以就算這不是真正的人際關係，這仍是一種內含信任感的網路關係。」

　　HYPR 的伯格在 2018 年證實：清楚揭露贊助往往會讓網紅和品牌受益。他說：「我認為人們其實知道這一切是如何運作以及如何發生的。如果你用正確的方法操作，就應該在所有這類社群貼文加上 #ad 或 #spon，對吧？不過這些貼文……當它標明 #ad 或 #spon，其實反而提供了更好的投資報酬率……所有公司都因為考慮到這些標籤的意思而害怕寫出來，但它似乎不會讓你少掉什麼。事實上，就我所看到的，它其實還增加了互動率。」

　　行銷人員普遍改變立場開始揭露資訊和監管，除此之外還發展出更具體的策略來確保他們的成功能延續。行銷人員更改了交

易結構，以找出那些在粉絲數量上造假的網紅，他們要求網紅必須對其承諾要引入的受眾數負責。一名網紅行銷平台的聯合創辦人在《富比士》雜誌上寫道：統一費率或按貼文計酬「無法保證品質，甚至無法保證內容被看到」，因此業內的專業人士建議改成根據目標來定價，可以根據展示次數、互動率、點擊次數或購買次數。她繼續說：「如果網紅會因為他們的表現而獲得報酬，他們就會創作出事實證明會有效的高品質內容作為回報，也會帶來一群積極互動的受眾，網紅會鼓勵粉絲採取行動。」[47]

　　行銷人員也會採用一些更縝密的措施，根據數據來選擇和確認網紅。行銷人員會尋求更細緻的方法將網紅活動和廣告產品的銷售連結在一起，用以評估網紅成效，和嘗試避免粉絲數詐欺。網紅市場 TapInfluence 的創辦人告訴 eMarketer：「我們現在做的事情當真讓我感到興奮。我們與 Datalogix 和尼爾森建立合作夥伴關係，這樣就可以獲得會員卡資料，把網紅和線下的購買連結起來。」[48] 他還進一步解釋：「我們可以做出市場組合建模（marketing mix modeling），拿網紅行銷的高峰和銷售的高峰互相對照。我們可以把那個模型放進我們的軟體，然後它就會告訴你每一個網紅帶動了多少銷售額。」[49]

　　其他公司則開發出人工智慧產品，用來規畫網紅活動，這個作法傳達給客戶的訊息是有超出人類能力的機制去徹底審查和分析網紅，確保其可信度。例如公關及數位行銷公司 Lippe Taylor 首度推出 Starling AI 產品時，便承諾：

> 由於「假粉絲」問題日益危及網紅行銷的可靠程度，Starling AI 的解決方法便是根據網紅與其他網紅的連結

來確定其資格，並確定粉絲都是真人。此外，Starling AI
也會追蹤「網紅的後勢」，以確保該網紅的影響力在整
個契約過程中應該會持續上升，可以在客戶的長期利益
中保有固定價值。[50]

　　雖然行銷人員用了更精密的軟體來做網紅分析，但他們還是
會重新告訴自己要更公開承認網紅的人性，而不是一直用非人的
隱喻來描述他們，就像第二章中探討的內容所示。行銷公司的主
管薩賓娜強調「把網紅看作人（而不只是行銷工具）是非常重要
的事」。

　　同時關注數據分析和人際關係，則進一步把趨勢對微網紅和
奈米網紅有利的方向推，因為更精密的軟體會發掘出這類用戶頗
具影響力——他們的粉絲數量較少，但是與粉絲和品牌之間的關
係更為緊密和「真實」。薩賓娜繼續說：「我真心覺得微網紅就
是下一步了。這一代人的確不看電視，他們不像是我們都看過曼
蒂・摩兒（Mandy Moore）拍的露得清（Neutrogena）廣告。這有什麼
不同嗎？品牌就是一直在利用名人，所以何不就用這種新世代的
網路名人呢？」

　　奈米網紅對行銷人員和品牌也有經濟誘因。他們的粉絲很
少，所以他們通常不是靠「影響力」謀生，也因此他們對差旅和
報酬的要求比較少。一名主管稱她們是「鄉下小妹」，[51] 他提到
她們的粉絲比較少，但是很忠誠，而且她們大概都是「以比較小
的地方為根據地……不像是紐約或洛杉磯這樣的」。[52] 如果行銷
人員找上粉絲比較少的社群媒體用戶，就會強調他們的定位是
「跟我們一樣」，有比較多真實的成份。

　　行銷人員在這段時間做出的改變，最終讓他們對道德上有問題的網紅有更多控制，而且把他們的曝光降到最低。從非真人 CGI 網紅越來越多的現象就可以明顯看出這一點。一間跨國公司的趨勢研究員納迪亞說：「CGI 網紅是未來趨勢。你可以完全掌控他的行為。如果你自己打造一個網紅，就不必擔心他可能出現爭議行為或是類似的風波。」政府對於合成的內容還來不及制定任何法規，也助長了這件事情。[53]

　　例如在 2016 年，有一個叫作米克拉・蘇薩（Miquela Sousa），又名莉爾・米克拉（Lil Miquela）的人物在 Instagram 上受到廣泛關注，她的 Instagram 顯示她似乎會參加好萊塢活動、與名人相約出遊，還有與名牌相關的內容。凱特琳・杜威（Caitlin Dewey）在《華盛頓郵報》（Washington Post）寫道：「沒有人知道 @lilmiquela 是誰、或者她是什麼，但是每個人都有自己的理論。[54] 自從她在四月發布第一則 Instagram 貼文以來，這位近來嶄露頭角的網路『社交名媛』已經成為一種神祕的崇拜（也可能是一個騙局，或是藝術計畫，或是行銷噱頭）。你會看到米克拉的問題在於她的行為像一個真人，但是她的人看起來不像。她的皮膚好像太光滑了，她的影子好像沒有變化──她有一種電腦動畫般藏不住的神祕感。」到了 2018 年，米克拉已經有超過一百萬名 Instagram 粉絲。《Dazed》雜誌任命她為特約編輯，她也曾經與多個品牌在許多活動中合作。

　　某品牌的行銷經理貝絲曾經與莉爾・米克拉合作過，貝絲在 2018 年告訴我選擇與她合作的理由：

　　我認為最重要的，就是這的確……讓團隊很高興能與莉

爾‧米克拉合作，因為她──很顯然她不是真人，但同時她絕對體現了跳出框架思考、做點不同事情的理念，這也是我們品牌的意義所在。我認為我們始終致力於突破技術和網路的界限……所以，這也就是為什麼會有這次合作，這次合作也非常令人興奮。

不過她也說：品牌認為他們的決定也可能會帶來爭議，因此他們也要準備好面對後座力。

我們非常……知道該對這件事情保持謹慎，我們也知道就像是推出任何新東西、向人們展示任何新東西，都會有正面和負面的反應。所以我覺得，你可以說我們已經為此做好了準備。但是直到最後，我們都沒有看到預期中的負面反應。我們真的很驚訝，或者說其實也不驚訝，我們很高興我們的粉絲都很開放，而且有興趣了解這個女孩，想要認識她，也對這次合作感到很興奮。因此，這次合作最後證明對我們來說是個好決定。

其實，莉爾‧米克拉的案例表示非真人網紅雖然看似缺乏「真實性」，但是不一定會構成問題。在社群媒體某些隱藏的產業作法遭到揭露之後，傳達真實性的關鍵似乎變成策略上使用**誠實**：如果某個東西受到贊助，就加以揭露；如果某個人或某件事不是「真的」，便享受它的樂趣。根據《Refinery29》的一名撰稿人的觀察：「社群媒體有多方面的效果，也很難量化，所以對不一定需要真實性的東西要求更多真實性，感覺毫無意義。」[55]

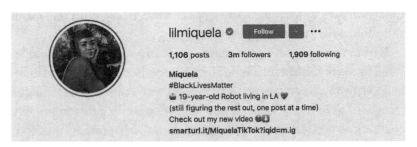

圖 4. CGI 網紅米克拉‧蘇薩（又稱莉爾‧米克拉）在 Instagram 的個人檔案。

伯格說：「如果某樣東西是真實的，它的效果會最好。但話又說回來，在今天的世界中，沒有必要像以前那樣完全真實。」

品牌

在這個不信任感日益膨脹的時代，為了維持品牌形象的吸引力及與顧客保持連結，零售品牌會試著讓網紅更深入參與，以培養更密切和更長期的關係。品牌認為這些關係才更有效，而且從理想上來說，在真實性方面出錯的空間比較小，不至於引發爭議或是對盈虧造成損害。（《MediaPost》的報導指出在 2018 年的第二季度，各品牌共有兩億一千一百萬美元用於美國和加拿大的網紅行銷——但是「其中有一千一百萬美元用於網紅的假粉絲」。[56]）這樣長期的作法代表品牌可以更容易了解網紅的個人情況，並且更徹底審查他們是否使用了例如購買粉絲等可疑的作法；如果純粹為了交易才與網紅接觸，這些行為會比較容易隱藏。此外，品牌還有機會利用網紅自己的社群媒體策略和專業知識，配合得好的話還能借助網紅的公眾聲望。

品牌會與網紅建立更密切、理想上也是較持久的關係，而不

只是在一次性的合作關係中聘請網紅來為特定活動創作內容。通常這會轉化成聘請網紅擔任某種諮詢角色，替產品和行銷提供回饋，並協助推廣產品。Digital Brand Architects 的高級副總裁雷克解釋說：

> 我有看到網紅在提供品牌策略。我們會與品牌和這些網紅明星開很多次會，在開發新產品或行銷或促銷方面，品牌會把這些明星當作像是顧問一樣的角色。不過，接下來我們也會看到品牌現在與這些明星一起創造產品──因此這些明星其實成了品牌的一部分。

雷克的公司為回應這個趨勢而成立了一個授權部門，目標是讓他們的網紅客戶可以創造和銷售產品──「不單只能靠他們擴大通路，也能用上他們的形象和肖像」，她說。「品牌當然要利用明星來擴大活動的知名度，但是現在也會利用明星來打造相關產品。我認為我們以後會看到更多由明星和網紅創造出的產品。」其實在 2010 年代末期，就有幾家大型零售商與網紅合作，推出以網紅為品牌的產品線，包括諾德斯特龍百貨（Nordstrom）與克莉絲莉・利姆（Chriselle Lim）合作、Atlantic-Pacific 加上 Something Navy；梅西百貨（Macy's）與 Natalie Off Duty。時尚網路媒體《Fashionista》的報導指出這類合作讓「錢財源源不絕地滾滾而來」。[57] 記者在撰寫諾德斯特龍百貨的報導時就指出：網紅品牌「無疑是個助力，協助零售商表現出與顧客的緊密聯繫，並從競爭對手中脫穎而出」。[58]

這些合作有部分吸引力在於品牌和網紅對產品的成功做出了

共同投資：雙方都有創造性貢獻，而且網紅在開發和發表階段也會自然而然地分享產品的相關資訊。此外，由於網紅在社群媒體上的形象就是這些品牌的傑作，因此零售商在過程中就會一直得到潛在買家的回饋，有助於降低金錢和公關風險。一名諾德斯特龍百貨的主管告訴《Fashionista》：「透過社群的分享和網紅平台上的意見調查，我們能夠在設計過程中獲得即時回饋，用前所未有的方式邀請網紅成為這個時尚旅程的一分子。舉例來說：在過去幾個月中，Something Navy 的阿里埃勒・查爾納斯（Arielle Charnas）一直在和她的受眾分享她即將推出的某品牌織品樣本和設計元素。於是我們就可以考量客戶的反應，藉以修正。」[59]

就算品牌沒有與合作的網紅一起創造產品，他們也會努力確保他們要仰賴的網紅能夠感受到身為「人的價值，而不是被當作廣告版面」，[60] 以及受到品牌的尊敬、被看作提供專業知識的人。一名公司主管在《廣告週刊》撰文建議品牌的行銷團隊要直接與社群媒體網紅對話，不要透過第三方進行交易。[61] 他寫道：「模式典範改變了，從機械性地硬套話題，轉變成將訊息融入生活。」該作者建議品牌要儘量完全融入網紅的生活，而不只是用談生意的方式進行討論。如果品牌可以影響網紅，讓他們相信品牌的生活價值觀，而不只是取得某個產品或活動的好處，那麼品牌的努力可能在未來的幾年內獲得回報。「網紅將成為品牌的長期代言人，你最好把網紅看作縮小版的名人……如果品牌要獲得最大的回報，就不應該讓網紅在完全未知的情況下代言產品，應該讓網紅先信服這一切。」[62]

此時品牌在尋找新的網紅合作夥伴時，持續使用的策略都是要與網紅建立徹底的長期關係。在 2018 年，趨勢研究員納迪亞

告訴我，各品牌都在展望未來「是哪一批網紅會真正重新定義這個產業」。納迪亞稱這些人是兒童網紅，有時候會依世代暱稱他們為「阿爾法」，他們的「年齡介於零到七歲之間」。這些年輕的社群媒體明星在父母的幫助下在社群媒體上發展出個人品牌，根據平台及他們達成的指標而定，他們的受贊助內容可能賺得數萬美元。《紐約時報》指出聯邦通訊委員會（Federal Communications Commission）還沒有針對兒童的內容更新其規定──既有的規定主要針對電視，明確限制產品置入，並要求內容要與廣告分開。[63] 此外，所謂「兒童網紅」的工作也引發對童工法和其他法規的質疑。不過在法規制定之前，社群媒體上這群最年輕的超強用戶就為品牌提供了一個不容錯過的機會，就像是納迪亞所說的：「你當真可以擁有**真的**很長期的合作夥伴。」

社群媒體與科技公司

有些社群媒體和科技公司也採取措施來回應網紅產業的問題。Facebook 和 Instagram 都在 2017 年更新了品牌內容政策，明確要求用戶「遵守所有適用的法律和法規，包括要擔保向 Facebook 或 Instagram 的用戶提供所有必要的訊息揭露，例如表明發布內容的商業性質」。[64]Instagram 推出的前述揭露工具讓網紅和發表內容的人可以標記贊助品牌，並在貼文頂端顯示合作夥伴。Instagram 也宣布他們將「開始強制未正確標記的品牌贊助內容」，[65] 但是並沒有詳細說明實際上是要「強制」什麼。Facebook 公司將這些工具定義成在「替 Instagram 社群確保品牌內容的透明度」，並將透明度標榜為「企業和創作者」的「價值」所在。[66]

除了揭露工具之外，這些創造了網紅產業所依賴之科技，並加以管理的公司也有進一步展望。《富比士》在 2016 年預測「下一階段，社群媒體將走向社群市場」。[67] 如果網紅可以在社群媒體和其他平台上**直接**向粉絲銷售產品，似乎的確替該產業的許多問題提供了解答——包括對透明度的需求、要求網紅分享的整體「生活風格」要足夠真實，以及零售商在尋找的新的可行商業模式。有一名行銷記者寫道：「對網紅來說⋯⋯進軍電子商務是他們的發展很自然的下一步。網路店面會替這些內容創作者帶來另一種用個人品牌賺錢的途徑。」[68]

由網紅在社群媒體直接進行銷售的作法，對時尚類和消費性的產品尤其奏效。網紅平台 theShelf 的創辦人榮格說：「我認為品牌贊助對某些垂直市場 [2] 而言是個問題，例如你在宣傳銷售的東西是軟體，然後有人付錢請你說這些話。但如果是時尚，而且真的是一件很漂亮的衣服，你也正好需要一件，價格又合適，這時候有某位部落客說他因受到贊助而擁有一件，我就會想，太棒了，我就是需要這東西！」此外，也如同趨勢研究員納迪亞所言：網紅直售的作法也完全符合「現今你隨時都在購物」的模式。「東西已經在那裡了，你大概會想：『我在等看牙醫時，就可以做這件事情來消磨時間』，諸如此類。」

網紅

在因為聯邦的牽制、Fyre 音樂節和假粉絲醜聞而使得網紅產業面臨廣泛的反彈之前，網紅本身就已經開始接收到負面、有

---

[2] 譯者註：指針對特殊產業的特殊需求市場。

時還帶著仇恨的回饋意見——或許就是這樣讓他們在 2010 年代末陷入更大的懷疑和不信任的環境中。「Get Off My Internets」（GOMI）線上論壇有好幾年時間都會看到對網紅的公開批評，論壇「成員會批評個別部落客，挑出所有搬演的、不真誠的、不道德的、誇張的事例，並嚴厲抨擊——簡而言之，就是所有不真實的東西」。[69] 有越來越多批評者出現在 Instagram 和部落格評論區——在極少數且最令人不安的情況下，他們還會在現實世界中親自現身。

　　一名成功的時尚部落客在某一次採訪中，說她「真的在公眾視野中度過了非常痛苦的幾年」。她說：「我的個人生活受到攻擊，我不知道該怎麼解釋，我甚至連走出自己家門口都覺得不安全。」更常見的情況，是她的貼文會受到評論，而且經常成為 GOMI 論壇嘲笑的對象；該論壇的討論十分熱絡，但是也充斥著對女性及女性氣質的人的說教、流言蜚語和網路霸凌（一篇學術分析描述這類行為是「無從安置的憤怒」）。[70] 她形容粉絲會發表一些「惡意、瘋狂的內容」，包括對於她個人生活的陰謀論，還有對她外表的性別歧視批評。

> 我覺得——這幾乎就像是名人文化的現象……我沒有想過人們會有多瘋狂，我也想不到他們會編造的那些謠言。因為人們當真覺得他們可以擁有妳，所以人們會說：這是我的權利，既然妳把自己放在網路上，我就可以說任何我想說的話。但其實事情不是這樣的。

> 我覺得情況對部落客而言越變越糟，因為我們都是真

實的人。對粉絲來說也是，當他們看到某些事情，像是
妳可以免費去度假，或是妳還能從中賺錢，會讓他們
更生氣。他們也有看到金・卡戴珊這樣做，不過無論如
何，她是一般人碰不到的；但是他們更容易找到妳，因
為我沒有那種保護。所以……這一切都形成了更大的問
題……我絕對不是特例，我不是唯一一個受到這種關注
的人，每個人都有可能。

家居裝飾和生活類的部落客克勞蒂亞也同樣表示：

我的確遇過相當多負面評論和取消追蹤這一類事情。我
覺得只要是人，都會覺得受傷。因為部落格對我來說是
一件很私人的事情，我會分享我的內心想法和靈魂，還
有我花時間創作出來的東西，所以負面回饋當然感覺就
像是一種人身攻擊。妳很難不去部落格尋找自己的個人
價值，因為那就是妳，我是說在相當程度上那就是妳。
所以要面對那些真的很困難，但是我想我已經形成了一
層堅韌的外殼。

其實有許多部落客和網紅都談過他們必須形成一層堅韌或很
厚的外殼，就像是一名時尚部落客所說的：「不管你對我說什麼
話，我連眼睛都不會眨一下，這真的很悲哀。」

不過，以前只限於「黑粉」（anti-fan）[71]的強烈批評在 2010
年代末已經滲透到公眾的話語中，像是《紐約》雜誌、《衛報》
（Guardian）和《GQ》等媒體都把網紅產業描述成造假、膚淺和其

他社會弊端的堡壘。[72] 隨著公眾對網紅的懷疑日益高漲，網紅也開始對成就他們的工作和為工作賦予價值的各種體系提高警覺。Instagram 特別常成為爭論的話題。由於網紅並不總是清楚該平台的演算法如何運作，不清楚他們的貼文會得到多少能見度或是互動率，所以網紅對他們察覺到的問題提出了同儕理論和集體解決方案。一個常見的解決方案是「拉幫結派」，或是加入一群團體（通常由幾十個網紅組成），互相為彼此的每一則貼文按讚和評論，以增加「真實」互動。[73] 但是平台卻想制止這種拉幫結派的活動，除了聲稱這是「不真實的行為」之外，還說此作法完全不道德。[74] 此外，網紅之間對這個作法也有爭議。一名微網紅丹妮爾告訴我：「我真的不想在 Instagram 上評論每一個人的內容。我想要說實話，而且只對我喜歡和敬佩的人發表評論。我希望我的誠實從長久來看會取得回報。人們是會注意到那些事的，我自己就會注意。」

也有些網紅不滿他們漸漸成為消費主義的驅動力量，他們對所謂「完美」的典範提出批評，並採取一些矯正行動。設計師兼生活類網紅露西亞解釋說她注意到「在某種程度上，非部落客也感受到要讓自己的生活看起來完美的壓力」。

> 我看到雜誌上的一個房間，我會知道要做什麼事才可以變成那樣，所以當我看到社群媒體上的世界時，我不會覺得「噢，天哪，她的生活簡直完美」，我會邊看邊思考這種造型有多棒……我知道人們如果沒有我這種專業經驗，會無法理解那是怎麼打造出來的，他們會看著圖片說：「我的天哪，這是真的吧」。不管是誰都可以

在手機上找到這些圖並加以分享，結果更加劇了這個現象。於是我便覺得……社會有需要揭開這一層面紗。

因此，在露西亞與一間大型的全國零售商合作推出產品之前，她做出一個戰略上的決定：在社群媒體頻道上分享她個人與精神疾病奮鬥的故事。她說：「我真心認為，如果我得讓那麼多人注意到我，我不想只以完美的形象示人。我會說出我的故事。我並不想沉溺其中、或是一遍遍複述這個故事……但是現在也該說出口了。」

雖然網紅會進行自我批判或自我糾正，但他們終究是網紅產業體系的一部分，而且會仰賴這個要求他們用能獲承認的方式培養真實性的體系。對網紅作法的審查越來越嚴格，交易結構的轉變也使得財務壓力增加，為了延續成功，網紅便走向展現更多透明度和「真實性」。除了照 FTC 的要求採用「明確、可見」的揭露作法之外，網紅也會分享更多日常中不屬於表演的內容，他們經常使用平台的新功能，像是 Instagram 的「限時動態」──該功能是讓用戶上傳短影片，且影片在二十四小時後就會消失。「限時動態」讓網紅可以分享不同類型的內容，進一步擴大他們的「生活風格」人設，而不是拘泥於特定類型。

同時，網紅也提到他們必須將個人品牌擴展到社群媒體以外的事業，用這個方法重新掌控收入、地位和資訊。以城市時尚為主的部落客布列蒂尼說：「除了現有的之外，你還必須不斷尋找新的方法維持業務。」常見的方法包括創立行銷公司、品牌諮詢、產品線或是銷售與自我品牌或網紅行銷有關的線上課程。

美妝部落客兼內容創作的企業主潔德‧肯德爾─戈德博特

說：「我覺得許多創作者都會感到不安全感，因為你會想：
『噢，我的天哪，我這週發表貼文了嗎？我的互動率變高了，
又變低了，難道我有做什麼不一樣的事嗎？他們的粉絲人數比
我多，我想要獲得像他們擁有的那種品牌交易，為什麼這個品牌
會找上我？』有太多股力量會扼殺你的精神、讓你覺得在這個領
域做得不夠好。唯有隨著時間過去，而且你的內心認清了自己是
誰，你才能學會如何堅忍不拔地撐過這些時節，因為這些時節永
遠不會結束。」

經紀人格羅斯曼觀察到：「為了能夠最大限度地利用現有機
會，以及能夠保持真實及忠於個人品牌，網紅的確需要快速做出
變化，也需要能夠靈活地對技術、創新，以及整個產業改變過程
中的一切變化做出反應。」

幾位網紅說他們在像 Instagram 這樣的平台上發表內容的幾
年後，又努力重建了他們的部落格或個人網站，或是創辦全新的
公司。斯凱拉說：「到頭來，不管我再怎麼喜歡 Instagram，它
也成為我的主要平台，但是我並不擁有 Instagram。我擁有我自
己的部落格，那才是我每天努力成長的成果。」阿蘭娜詳細解釋
了她和同行正在摸索的金錢、產業和社群現實：

> 我還在當網紅，但是我也創辦了這個很棒的社群媒體網
> 路公司，我們的成果不錯，我會說它帶給我某種心境的
> 平和，因為我知道，假如明天 Instagram 刪除了我的帳號
> （這件事不太可能，但是假設發生了這種狀況），或是
> 人們不再喜歡網紅、沒有人關心我們，贊助商也不想再
> 付錢給我們……但是我依然不會有問題。這間公司在某

種意義上也替我帶來更多真實性，因為我可以和我想要
的品牌合作，而不必一直擔心：「噢，天哪，我每個月
都需要確保多少數量的贊助商或是多少美元的金額。」
那樣就有壓力了。我有些朋友擁有數百萬名粉絲，你會
覺得他們一定很高興，但是我和他們聊天時，他們也說
覺得有點擔心，因為他們知道事情正在改變。我覺得如
果網紅不善用自己的平台建立一些不完全需要仰賴社群
媒體的更持久的東西，他們遲早會碰上麻煩。不祥的徵
兆也已經開始出現了。每一天都有更多網紅或是想要成
為網紅的人加入……如果你是一名網紅，擁有某個類型
的平台或是達到了一定程度，你就該利用它轉往其他領
域了，不管是什麼領域。進入電視圈、擁有一間內容公
司、建立時尚系列，不管是什麼——你必須擁有一些你
能夠有更多控制權的東西。

在詐欺的作法曝光、以及微網紅和奈米網紅的風潮越來越盛
行之後，定價和交易結構的變化對既有網紅產生了重大影響。阿
蘭娜繼續說：

成為網紅的標準相當低：你只需要一個帳號，有自己的
風格，知道怎麼擺姿勢。那些都不難。正因為這樣，所
以花在網紅身上的錢正在減少。舉例來說：X 品牌去年
一次促銷活動會付給我五千美元，今年則是三千美元。
尤其是在微網紅興起之後，品牌發現他們甚至不需要
付錢。他們不再去找一個有很多粉絲的網紅，而是說：

「嗯，我們只需要找五十個微網紅，然後給他們產品就好了，我們甚至不需要付錢。」

基於這類的原因，網紅也需要努力在社群媒體上建立自己的個人品牌，並且持續擴大他們的生活類型，而不是像過去幾年那樣，專注於標榜自己是特定領域的專家。這樣做有雙重目的：靠著分享更多日常生活中的「真實事件」來強化他們的真實性，並提供其他的商業機會。網紅策略總監漢納希說：「大部分人在一開始都只走一種產業，他們可能是美妝部落客、時尚部落客。但是接下來⋯⋯就會像是：『噢，你做的種類越多，可以賺的錢就越多。』所以現在，做美妝的人都開始做時尚⋯⋯每個人又都開始健身。」

行銷人員蕾妮也證實：

我相信一定有許多人試著進入更多產品類別，或是更廣泛的類別。原因其一，這樣網紅有機會與美妝或時尚之外的品牌合作；其二，這麼做能真的（又出現這個關鍵詞了）表達出他們在自己生活中經歷到的故事。我想只要人們把自己每天做的事的片段試著放進發表內容當中，而不只是讓人看到一些美麗的畫面之類⋯⋯這就能讓受眾窺看幕後，看看網紅身為真人的模樣，而不只是說我畫好了全臉妝，每天都能夠一整天看起來漂漂亮亮的。還有他們的生活方式也會發生改變。隨著這些網紅開始「長大」、進入新的人生階段，他們也有新的機會談論不同話題。其實我們前幾天剛在內部討論過這個

問題——例如可能有一名網紅在青少年時期就開始做YouTube 了，等她長大之後上了大學，你知道的，就會有那些校園故事了。等她脫離了那段年紀，她又會找到第一份工作，這時候她就會從年輕專業人士的角度說話。然後她可能會訂婚、結婚，這又是一個全新的人生階段；有了孩子則又是另一段全新的人生旅程了。在每一個階段中，她都會產出新的內容。

網紅展現了一種全包式的、全部「可購的生活」，例如由精油品牌贊助的自我保健貼文、倉儲式大型零售商提供的全套公寓家具，還有飲料公司贊助的朋友聚會，全部都清楚而明確地揭露出來。網紅要傳達的訊息是：沒錯，這些內容都受到贊助，但這就是他們生活的自然延伸。此外，蕾妮團隊對網紅的典型人生階段的對話再次強調了**誰**最有辦法利用這些機會（或至少，是哪一群人引導了業內人士的想像）：是受過教育的白領女性，她們就是遵循受高等教育、結婚和生兒育女的傳統路徑。

由於公眾的喜好、社群媒體的技術發展和公司政策，以及聯邦的規章，所有這些因素本來就難以預測，所以網紅已經習慣了工作幾乎一直處於不穩定的狀態。伊莎說：「我一直都知道我投入的行業是怎麼回事，可以說不會有人知道會發生什麼事。很多時候就是『總之』就發生了，所以你也只能都準備好。我也可能明天就得到一個瘋狂的機會，足以徹底改變我的未來。所以我也只能夠試著對任何事都保持開放心態。」

展望未來

　　2010 年代末發生的一系列重要事件讓用戶對社群媒體背後隱藏的產業陰謀益發感到懷疑，迫使網紅產業重新審視它的作法以及未來的方向。全球都在關注 Facebook 洩露用戶資料等影響廣泛的事件，人們與社群媒體公司之間的信任發生根本的動搖，這些公司在媒介社群世界的幾乎每一個面向時到底會扮演什麼角色，引來的擔憂也引發了公眾的辯論。

　　網紅產業的所有關係人以不同方式經歷了對網紅的強烈反對，也各自在調整自己的工作方式。不過他們重新定位的共通點是公開拒絕造假和支持揭露資訊，也私下嘗試對有時候並不守規矩的環境取得控制。行銷人員努力向客戶和公眾證明他們非常關心詐欺行為，而且致力於用更徹底的審查、對網紅加強控制來使詐欺行為得到控制。他們使用的方法包括用人工智慧和科學數據來挑選網紅和匹配的推銷活動、探索如何發展和利用 CGI（而非人類）網紅，以及培養微網紅和奈米網紅的商業潛力。

　　同時，品牌也希望與網紅有更密切和長期的合作，以免靠促銷活動延續的合作可能有一天會產生爭議並失去控制。品牌可以用網紅作為行銷顧問**和**行銷管道，避免因真實性出錯（無論是購買假粉絲或資訊揭露不充分）而導致爭議。有時候雙方還能培養出夠深厚的關係，互相合作推出產品。社群媒體和其他科技公司都引進了揭露工具，支援文化和規範上對透明度日益高漲的要求。

　　網紅深知社群媒體的內容創作是不穩定的工作和生活方式，為了替將來打算，他們也要為各種潛在的狀況做好準備。網紅要

讓自己可以在當前與未來的任何可能環境中生存，因此他們要將業務擴展到**社群媒體之外**（例如創建產品、開辦顧問公司和數不清的其他企業），以及**在社群媒體上**擴展他們的個人品牌——他們通常會用一些比較新的技術，例如 Instagram 的限時動態，分享更多生活內容。

網紅的空間還在繼續成長，雖然有時候也會面臨嚴峻的挑戰，包括公眾的懷疑和嘲笑。或許，這個產業的成長是因為在更廣大的社會政治環境中，重建一對一的信任比相信大型的媒體機構或公司要更容易，因為它們似乎全部混在一起形成一個不符合公共利益的整體。重新定位的網紅產業逐漸成為一個既徹底卻又隨意的商業化領域，網紅走向品牌化、受到揭露和可以購買，他們會跨越各種不同的內容形式和類型，呈現出更「真實」的生活方式。最後，網紅產業加入了媒體產業更廣泛的推銷作法（在某種程度上也是模仿），不經意地將可購買的產品融入生活風格的描述中。[75] 雖然這些形式之前面臨較強的阻力（例如：電視購物經過多年的努力之後，還是沒有以提倡者希望的方式一飛沖天），[76] 不過網紅將自己展示為品牌人物的工作已經變得容易讓大眾理解和接受。畢竟就像是漢納希所說的，在一個充滿不確定性的世界，「你不賺這樣的錢嗎？」

產業的分界消失

　　我的 2020 年和許多人一樣，花在手機上的時間比以往任何時候都多。我家有嬰幼兒，又面臨居家令，我會用手機作為避風港和救生索。每天晚上，我都會瀏覽一下我所住的郡和地區當天的 COVID-19 數據，看看有沒有新的指導方針，或是實際上有沒有什麼資訊可以幫助我了解正在發生的事，以及我應該做些什麼事（除了一直用清潔劑擦拭門把和為了我的孩子強忍恐懼之外）。後來同年春天，發生了明尼亞波里斯（Minneapolis）警察謀殺喬治·弗洛伊德（George Floyd）的事件，於是我又在新聞網站和 Instagram 上搜尋照片和消息，試圖釐清那件事的駭人事實和後續餘波。等到了夏天，美國大選季隨之升溫，新聞標題充滿了政府官員那令人難忘的言論，似乎在縱容威權和沙文主義的情緒，或是抗拒實證現實。我的思緒每天都在飛速轉動，一邊對我享有的安全充滿感激，另一邊則是一種令人窒息的恐懼，害怕我的成年生活最終會比我想像中更接近我的曾祖父母那一代人——他們是從大流行病、經濟蕭條和法西斯歐洲倖存下來的一代人，他們的創傷影響了好幾代。我感到脆弱和無能為力，我把資訊當作

慰藉。

雖然上述家庭瑣事是我個人的情況，但是我們也知道在 2020 年的封城和社會劇變期間，在混亂中的無助感和對資訊的渴求等等幾乎是全球共通的經驗。全球性的事件和社交孤立對心理健康帶來損害；[1] 同時，人們在社群媒體上花費的時間增加了 10% 到 20%，[2]Instagram 和 TikTok 的月平均流量大幅增長。[3] 但是我們也知道人們在哪裡尋找資訊和找到什麼存在著很大的差異，這不僅僅是指資訊的語氣和格式，還包括準確性、來源和議題。演算法決定了個人化的社群媒體體驗，最令人印象深刻的是演算法帶給我兩個截然不同的 Instagram 帳號：@KingGutterBaby 和 @Little.Miss.Patriot。

@KingGutterBaby 是埃默里大學醫學院（Emory University School of Medicine）的傳染病研究員勞雷爾‧布里斯托（Laurel Bristow）經營的帳號，她的研究團隊專門研究病毒和各種治療方法，因此和 COVID-19 病患有直接接觸。疫情在美國首次開始大流行期間，布里斯托幾乎每天晚上都會發布一系列 Instagram 的限時動態，詳細分析 COVID-19 的某些特定議題，她通常是將最近的研究翻譯成通俗易懂的用語，或是解釋各種公共衛生建議背後的理論。她藉著平易近人、通常還很有趣的內容獲得了三十多萬名粉絲（她會提醒粉絲她「要有 D」──「data」，或說資料，才能對任何謠言或建議提出意見）。雖然布里斯托說她從來沒有打算成為網紅，但是品牌很快就注意到她的影響力日益增長。布里斯托接下了服裝公司 LOFT 贊助的內容，她說這筆收入讓她能夠支付房子的頭期款。

@Little.Miss.Patriot 的帳號則屬於一名叫作亞歷克西斯

（Alexis）的年輕女性。[4] 亞歷克西斯的貼文主要是針對「匿名者
Q」（QAnon）的運動提出想法 [1]，她也和布里斯托一樣，很快就
在當年獲得三十多萬名粉絲。例如她在 2020 年七月分享了一個
理論，這個說法當年夏天在 Reddit、Instagram 和其他平台上都
很流行，內容是大型家居電商 Wayfair 用販賣昂貴的儲物櫃作幌
子，其實是在販賣兒童。網路上對 Wayfair 陰謀論的熱議不斷，
逐漸演變成 #SaveTheChildren 運動。專家指出這場運動表面上是
為了拯救兒童免於人口販運，其實有助於推廣「Q」及其追隨者
要傳播的世界觀——他們堅信唐納·川普（Donald Trump）總統正
在與全球崇拜撒旦的民主黨性販運集團進行祕密鬥爭；而這個世
界觀也進入無數的新家庭，尤其是年輕女性和母親的家庭中。[5]
亞歷克西斯也有關於 COVID-19 的貼文，她鼓勵粉絲無視政府對
口罩的規定。[6] 記者史蒂芬妮·麥克尼爾（Stephanie McNeal）指出亞
歷克西斯與一間多層次傳銷公司合作銷售商品，直到 Instagram
在 2020 年九月將她的帳號暫時停權為止。[7] 停權之後，她又創
立了多個新的 Instagram 帳號，但是她的線上經營主要是轉移到
Parler 和 Telegram 等比較新的平台。

　　@KingGutterBaby 和 @Little.Miss.Patriot 的內容和依據都有明
顯差異，但是她們在表面下都有令人擔心的相似之處。我會偶然
發現這兩個帳號，都是因為看到親近的個人舊識（我的朋友和親
戚）在 Instagram 上追蹤她們。這兩個帳號都是「普通人」女性

---

[1]　譯註：指一名自稱是「Q」的人在網路論壇上提出的一系列陰謀論，主要是在
　　　談論美國「真正的祕密」，以及「救世主」川普如何對抗「深層國家」的邪惡
　　　分子。

經營的，她們原本並不是網紅或任何類型的名人，她們分享的訊息可能對她們來說都很重要，而且與當前的社會政治時刻有關。她們都是以平易近人但充滿熱情的語調吸引粉絲。她們都有興趣利用追蹤人數賺錢。我們也可以合理推論她們（或是其他像她們一樣的人）會對公眾直接關心的重要議題產生實質的影響力——就像是在公共場合是否要戴口罩這樣簡單但是重要的事情；以及對粉絲的世界觀產生更廣泛的影響，就像是媒體研究人員長期以來證明電視可以辦到的。[8]

　　當然，差別在於電視節目和廣告必須受到規範。[9]雖然我不會說勞雷爾和亞歷克西斯擅長的內容在道德上是對等的，不過她們都是網紅產業的受益者，就像是大開的穀倉大門在微風中震天價響。她們選擇用自己認為適合的方式來培養和善用自己的網路影響力，並且利用了她們用得上的溝通規則和商業及技術上的激勵結構，而這個系統幾乎不存在監督。Instagram 或許可以關閉 @Little.Miss.Patriot 的帳號，但那是在她花了數個月向幾十萬人傳播已經證實為錯誤的訊息**之後**。有一些抱持陰謀論想法的內容創作者公開質疑 2020 年的激烈社會騷亂是不是某種社會模擬，不過其實他們自己也參與了一項更明顯的測試：我們作為一個整體，是否可以在這些自創品牌的專家不斷丟出的訊息襲擊下生存下來？這些專家的力量來自以人設主導、商業驅動的媒體生態系統，而且這個生態系統**也**媒介了我們的私人社交連結和自我表達——這個產業是否確實已經失控？

　　2020 年的社會和政治騷亂在一定程度上反映出十年前推動網紅產業發展的完美風暴，2020 年的這些騷亂搭上前幾年的趨勢和基礎，加速了該產業往特定方向成長。雖然只有長時間持續

第五章
產業的分界消失 | 161

的研究才能夠揭露 COVID-19 大流行、種族正義運動和 2020 年的美國總統大選帶來了怎樣廣泛而多元的影響，不過網紅產業的可能未來倒是已經有明確的跡象。我會在本章中展示已經發展了超過十年的產業基礎設施，在 2020 年代初期是如何帶來各種或好或壞的可能性。我整理出一系列關鍵時刻（有些令人鼓舞，也有些令人深感擔憂），探索該產業的現狀和可能的未來。本章展示了這個產業正在從關心買什麼，轉變為關心應該思考什麼。人們對「真實性」的期望比以往任何時候都高，而評估他人真實性的難度也越來越大──出錯的風險也是。

內部的抵制與變化

我在 2021 年三月採訪了莎拉（Sarah）＊，當時她熱切地決定要結束網紅生涯。

莎拉用網路發表內容創作已有很長一段時間。她和那個時代的許多人一樣，在 2008 年開設部落格作為施展創意的管道。她在醫療保健領域有一份忙碌的全職工作，也很喜歡有個空間可以和其他人交流一些比較輕鬆的話題，像是烹飪、時尚和旅行等。她在整個 2010 年代比較常使用 Instagram，而且開始認真地用這來賺錢，有 RewardStyle 連結和品牌合作為她帶來額外收入，這是她以前從來沒有意識到的機會。她說在 2015 年之後，她的收入每年都翻倍。她還清了就學貸款，還把家裡整修了一番。但是她告訴我，她在 2020 年「對網紅領域的思考歷程發生了一百八十度的轉變」。她在談話中詳細說明她計畫離開所有的社群媒體平台，轉戰 Podcast，並加入訂閱服務 Patreon，不再受

到品牌義務的拘束。她認為她已經不會再做網紅了。

讓莎拉做出這個決定的原因很多，她在 COVID-19 疫情期間提供醫療照護的經驗足以說明其中的許多原因。當疫情在 2020 年初席捲美國時，她已經懷孕了，當時她和丈夫都要在醫院輪班，她記得：「我們都以為快要死了──真的就是這樣。這真的會讓我重新開始思考。」在深陷公衛危機之苦的當下擔任醫療專業人員的經歷，與靠著推薦產品賺錢的 Instagram 網紅的經歷形成鮮明的對比，讓她越來越難以調和。此外，當莎拉對她的五十萬名 Instagram 粉絲分享她在醫院目睹的一切，但是卻遭到某些人的懷疑或嘲笑（有些人認為這次疫情是虛構出來的，或是被誇大了──或認為醫學專家不值得信賴），她會覺得那是針對她個人。她覺得有必要回覆每一則訊息、評論或問題，但這是不可能的任務。

她說：「一開始每個人都站到屋外為醫務人員敲響鐘聲，並說『你們是英雄，你們真是太棒了』；而一年後的現在，卻變成『你們都和大藥廠站在一起，想用疫苗殺死我們每一個人』。所以，在社群媒體上現身對我來說真的、真的、真的很難。」總而言之，莎拉懷疑自己患了某種形式的創傷後壓力症候群，而且她的網紅經歷加重了這種症狀。她說：如果放棄了，「我完全知道我的收入可能會減少差不多九成吧。但是我不在乎。」她認為網紅產業「已經失控了……完全脫離了現實」。最後是她自己生活的現實和她用來賺錢的社群媒體的自我表達之間變得脫節、難以彌合──而這一切存在的背景，也就是商業化的網路生態系統，以及明確鼓勵人們分享、銷售和互動的結構，這兩者也同樣脫節。她說：「我就是不覺得全年無休、二十四小時不打烊地一直

在賣東西，還有創作一些沒什麼關聯的照片，怎麼會好。」

莎拉決定切斷收入的來源，這個作法可能顯得有點極端，但她並不是我的研究對象中唯一決定這麼做的人。例如卡拉也在2018年拋開了她經營將近十年、正在蓬勃發展的時尚部落格。她告訴我何以那份工作對她個人或是她的專業來說都不再適合，她說：「我意識到如果要成為成功的網紅，我必須樂於分享更多，並且在鏡頭前說話……我嘗試了一下，然後覺得『感覺不對。這個感覺不像我』。」她又說與品牌合作開始感覺「像件苦差事」，而且隨著這個領域變得飽和，她也感到提高指標的壓力變得越來越大，她開始「覺得我能提供的不是只有這些」。

我在2010年代末期和2020年代初期採訪了許多網紅，他們都表達了類似的挫敗感，他們覺得社群媒體的工作對個人的要求越來越多，包括需要提高知名度和分享私人生活，還要擔心粉絲的回擊或敵意，但勞動回報卻遞減。他們的經驗突顯出該產業的一些既定規範和作法（包括業內的佼佼者會描繪一些精心策畫過而令人嚮往的生活方式，以及不斷鼓吹購物和賺錢）受到越來越多的內部抵制。2020年，這種抵制因公眾觀感而更加顯著，當時一連串與著名網紅相關的事件清楚顯示許多人培養的親近認同感被錯當成與眾不同的特權了。[10]

例如在2020年三月，擁有超過一百萬名粉絲的網紅Something Navy的阿里埃勒・查爾納斯直播了她接受COVID-19診斷的經歷，她說自己感到不舒服，於是就在當天稍晚接受了免下車檢測。當時的檢測量能十分有限，而她居住的紐約市病例數正在以驚人的速度激增。衛生官員要求年輕或健康的人自行隔離就好，不必進行檢測。[11]幾天後，她又分享了她和家人已經離開

紐約市，前往漢普頓（Hamptons）——有幾位知名網紅在封城後為了獲得「新鮮空氣」和「多一點空間」而離開城市，她就是其中之一。[12] 查爾納斯引起粉絲和主流媒體評論人的憤怒，他們認為她能優先獲得醫療服務，而且不必要的旅行也可能危及其他人，然而她卻安享這樣充滿特權的世界，才會事先壓根兒沒想到會遭遇這些顯而易見的批評。[13]

在同年五月，明尼亞波里斯的白人警察德里克·蕭文（Derek Chauvin）以涉嫌使用偽鈔的罪名逮捕了四十六歲的黑人男性喬治·弗洛伊德，但是卻在逮捕的過程中謀殺了他。美國各地和全球有數百萬人參加了抗議活動，呼籲警察進行改革，並提醒人們注意長年存在的各種形式的種族歧視，尤其是在既有制度中的歧視。其實有關種族偏見、薪資不平等和品牌不當對待的故事先前就在網紅業界內流傳，但是卻鮮少受到廣泛關注。當時情況突然發生了變化，經紀人阿德蘇瓦·阿賈伊（Adesuwa Ajayi）說她見證到「黑人網紅的經歷、報酬和機會與白人同行均不平等」，[14] 於是阿賈伊註冊了一個 Instagram 帳號 @InfluencerPayGap，可以用匿名投稿的方式記錄下網紅之間巨大的報酬差異，以及契約和費率均缺乏產業透明度。投稿中描述有些品牌從來不對製作內容付費；有些品牌則要求有幾千名粉絲的網紅製作多組圖像和影片來換取免費產品；或是要求保有內容的使用權，以交換產品或幾百塊美元。一名行銷人員寫信來告訴我：「我感到很沮喪，因為我總是被上級要求儘量少付點錢。」[15]

還有另一起廣為人知的事件是 Man Repeller 的前員工指責萊昂德拉·梅迪恩（她是從大受歡迎的部落格轉型為媒體公司 Man Repeller 的創辦人）帶領了一種「排擠氛圍」。[16] 從梅迪恩的回

應及後續發展中，讀者和前員工認為她的道歉無法證明她的確了解問題所在、或是真的計畫要改變，因此使她不得不辭去該公司的領導職，幾個月之後，這家擁有十年歷史的公司也倒閉了。

這些事件發生在變化快速的社會政治格局中，最終也使得已經擴散了一段時間的產業變革加快了速度——或許它是一個姍姍來遲的句號，為那個苗條、富有、不涉入政治的白人異性戀大網紅的時代畫下了句點。設在奧馬哈（Omaha）的廣告公司 Bailey Lauerman 的執行長格雷格・安德森（Greg Andersen）在 2019 年告訴《廣告週刊》：「人們不再願意盲目地追隨這些人，聽憑他們設定其他人該有的生活。我們渴望的美好生活是穩定的生活、擁有養家餬口和與社群連繫的能力……我認為只有一小部分人渴望曼哈頓的頂層豪華公寓。我一直在各個平台上關注網紅，我看得越久，越覺得他們對我來說很陌生。」[17]

公開的產業論述也發生了一些變化。一名行銷總監在 2019 年於《廣告週刊》建議業內同行要抵抗選擇網紅時的潛藏偏見；[18] 2020 年發生了喬治・弗洛伊德的抗議活動之後，同樣在《廣告週刊》上有人承認他們之所以不打擊偏見和種族歧視，是「用我們正在做一個『好的商業決定』為藉口，而不去認真審視我們的行為……這比起阻止或教育客戶更加容易」。[19]

網紅產業的從業者也對不平等和社會正義的議題進行了更多公開對話，有許多品牌、行銷人員、網紅和社群媒體公司用一些策略上的決定來解決不平等，和表達其願意負責任。有些品牌和行銷人員修訂並改進了他們聘僱網紅和支付報酬的作法。勞倫（Lauren）＊是一家時尚服裝和家居用品零售商的社群媒體經理，她向我說明她的團隊如何為薪資結構設立標準，而且決定為

所有提供內容的人支付報酬，而不是提供免費產品。她在 2021
年告訴我：「我不希望讓人覺得我們不尊重他們的工作。」
MagicLinks 是一間協助他人設立盈利模式的公司，創始人布萊
恩‧尼克森（Brian Nickerson）說他的公司會貫徹一項原則：「所有
和我們策略合作的品牌，選才均需要有三成的人是黑人、原住民
或有色人種」。有些網紅會徹底審視他們的內容所用的策略，好
實現更多包容性。梅根‧麥克納米（Megan McNamee）是一名營養
學專家，她的家庭動態帳號擁有一百多萬名粉絲，她在 2021 年
初向我描述她和商業夥伴是如何規畫把文化、食物和兒童等主題
融合在一起的內容，其中包括每週一次的專欄，由不同家人「接
棒」該帳號的 Instagram 限時動態，分享他們每天的飲食和影響
他們安排的因素，例如預算、工作日程和文化。

　　一年後，有近百萬名用戶的網紅行銷公司 IZEA 在年度的
〈網紅平等狀況〉（State of Influencer Equality）報告書中發表了一些
鼓舞人心的數據。公司創辦人指出：

> 在 2015 年，白人網紅獲得了所有贊助交易額的 73%。隨
> 著時間經過，這個數字一直在下降，現在已經與美國人
> 口的比例相似。35% 的美國人為非白人，這些少數族裔
> 獲得的贊助交易金流現在已經達到 37%。

此外，在 IZEA 的平台上，美國黑人的收入超過白人同行，
每個職位的收入平均高出 47%。[20]
　　不過，這些數據因為僅限於單一公司的情況，並沒有提供網
紅產業的全貌。而且在其統計的其中一年，行銷人員和品牌經

理放棄了之前謹遵的「不涉入政治」的立場，加入了一場受到高度矚目的種族正義運動。作家兼新聞記者莎拉・弗埃爾（Sarah Frier）認為他們的動機是出自「真誠的熱情——同時意識到如果與正在流行的民權運動取得連結，將是一次重要的行銷」。[21] 媒體學者弗朗西斯卡・索班德（Francesca Sobande）也指出「品牌對促使 BLM（Black Lives Matter，『黑命貴』，黑人的命也是命）出現的局勢做出了回應，讓品牌藉機表現出與黑人種族和黑人的親密關係」。[22]

此時的進步並沒有一路延續下去。TikTok 上不同種族的報酬差距和黑人文化的挪用十分猖獗[23]，該平台的有色人種創作者甚至在 2021 年發起罷工。網路媒體《The Cut》的主編林賽・皮普爾斯・瓦格納（Lindsay Peoples Wagner）在反思 2021 年的時尚界時寫下：「時尚界在過去幾年取得長足的進步……但是時尚界還沒有真正解決種族歧視的問題。喬治・弗洛伊德和布倫娜・泰勒（Breonna Taylor）[2] 在去年遭到謀殺之後，這個行業一心想用最謹小慎微的方式做出正確的事，由於對政治效應的擔憂，複雜的對話幾乎付之闕如。」[24]

這種情緒在「暗黑星期二」（Blackout Tuesday）獲得公開的抒發。2020 年六月二日，當天舉國正在抗議喬治・弗洛伊德遭到謀殺一事，有數百萬名社群媒體用戶暫停他們平常發布的內容，在 Instagram 帳號發布了一個黑色方塊，還有些人建議有色人種

---

[2] 譯註：泰勒遭到肯塔基州的兩名警察射中八槍後死亡，警察聲稱他們是在逮捕毒販的過程中因正當理由而開槍，而泰勒方則主張警察沒有敲門就進入家中，也沒有表明自己的警察身分，因此泰勒的男友開槍自衛，並打傷一名警察，使警察隨即對泰勒的住所發動攻擊。

網紅都應該這麼做。「暗黑星期二」幾乎立刻成為批評的對象，抨擊特別集中在認為這種行動只是表演來謀求個人的社會資本而已。有許多黑人網紅的粉絲數量在那之後急遽增加——這個經驗「苦樂參半」，[25] 因為雖然粉絲大量增加可以擴大網紅的影響力、帶來新的品牌合作和更高的報酬，但是這也意味著更多的情緒勞動，因為要處理大量湧入的評論和訊息，也不確定新粉絲的動機。黑人女性阿亞娜‧拉格（Ayana Lage）經營生活型部落格「XO Ayana」，她告訴網路新聞媒體《Buzzfeed》：「我很想說我為自己感到驕傲，但是一想到是什麼促使人們採取這樣的行動，我就會有奇怪的感覺。」[26] 居家裝飾類網紅迪娜‧奈特（Deena Knight）也在同一篇文章中說到：「妳絕對不想利用這樣悲慘的事情。」

　　某知名品牌的社群媒體經理勞倫表示，面對 2020 年湧現的各種種族和經濟不平等的問題，「我們的團隊變得更有可塑性、更靈活、更能理解他人，也更能察覺一切」。當時產業中的許多人所做的變革能持續多久、能產生什麼長遠影響，只有隨著時間而繼續保持努力和關注才會知道了。

「真網紅」

　　在 2010 年代末期，消費者的興趣明顯轉向使命導向（purpose-driven）的品牌和有社會意識的網紅。愛德曼（Edelman）公關公司在 2018 年的研究發現：全球有三分之二的消費者會根據品牌在社會或政治議題上的立場決定要不要購買這個品牌的產品。[27]《廣告週刊》在 2019 年的觀察顯示網紅會越來越希望「表達立

場」，與有目標取向的品牌合作。[28] 使命導向的網紅也在同時間日益增加，全球趨勢預測公司 WGSN 在 2021 年初把這稱為「真網紅」（genuinfluencer）的崛起。他們解釋這些「網紅關注的是議題而不是按讚數，他們會把知識融入日常的內容中，也經常與企業甚至政府合作」。[29] 他們的訊息很有可能真的會帶來影響，一項 2019 年的英國研究發現：與電視、Facebook 或 YouTube 廣告相比，網紅廣告帶來的情緒強度高出 277%，對受試者的記憶編碼則高出 87%。[30] 此外，愛德曼的同一項研究指出有超過一半的人認為在解決社會問題方面，品牌比政府更有作用。

疫情、抗議和選舉季都為混亂提供了肥沃的土壤，也有利於創造和傳播訊息和假訊息——讓一些「真網紅」迅速獲得大量粉絲。「真網紅」涵蓋了從育兒到永續發展等許多主題，不過就像是 WGSN 說的，他們專注在**議題**，他們會經常在 TikTok 和 Instagram 限時動態上用對話形式提供這些內容，再輔以動態貼文中一些容易消化的事實或提示。

莎朗・麥克馬洪（Sharon McMahon）就是其中一名「真網紅」，她之前是公立學校的政治學老師，她的帳號 @SharonSaysSo 在 2020 年到 2021 年之間從沒沒無聞成長到有六十多萬名粉絲。麥克馬洪用一些專為 Instagram 設計的公民課程獲得了一群粉絲，她強調那些課程無關政黨，都是以事實為基礎。她創作了數不清的 Instagram 限時動態，詳細介紹美國政府的各種流程，例如選舉人團和最高法院；她還突顯了歷史中鮮為人知的「趣聞」，包括美國開國元勛亞歷山大・漢彌爾頓（Alexander Hamilton）的詳盡家譜；並用容易理解的方式解釋一些具爭議性的敏感法案背後的法律思維，例如墮胎和槍支等相

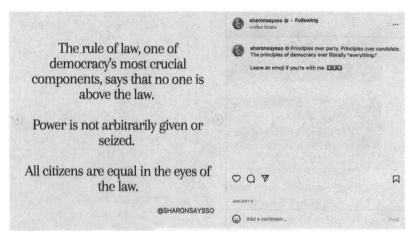

圖 5. 由 @SharonSaysSo 發布的 Instagram 貼文。經莎朗‧麥克馬洪同意轉載。

關法條。她每天都會在 Instagram 限時動態上回答粉絲的問題，還出售她的「深入探索」工作坊門票，這個工作坊有現場直播和預錄兩種類型，她每個月都會用 Zoom 舉辦幾次。她鼓勵粉絲要對他們接收和發布的訊息運用批判性思考，她也召集她的「#governerd」社群捐錢或是其他資源給紅十字會等。麥克馬洪也會分享一些「離題」的內容，包括動物的照片和她試穿衣服或化妝的影片。

　　麥克馬洪在 Instagram 的粉絲人數達到五十萬之後不久，接受了《崔弗‧諾亞每日秀》（The Daily Show with Trevor Noah）的採訪，並在節目中解釋她認為自己的帳號何以如此受到歡迎：

　　　老實說，我認為人們不相信他們可以獲得事實。這的確就是事情的關鍵，他們不知道要去哪裡獲得事實，他們也不知道要相信誰，他們覺得自己每天都被什麼人給騙

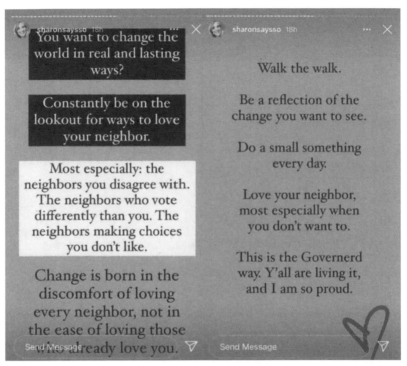

圖 6. 由 @SharonSaysSo 發布的 Instagram 限時動態。經莎朗・麥克馬洪同意轉載。

了。這就像是倖存者（Survivor）遊戲：「我不知道那個人
的動機是什麼，我不知道他們是不是想要騙我」……他
們看到我不是政治人物，我不是為某個大公司工作，我
其實只是一個老師……我想這就引起了某些人的共鳴。

麥克馬洪的崛起在某種程度上令人鼓舞，這可能代表大眾對
歷史和公民知識越來越有興趣，也可以用這個方法將對社會有幫
助的訊息傳遞出去。此外，她和粉絲在這麼短的時間內就為慈善

事業籌集了數百萬美元，也十分引人注目。像麥克馬洪這樣的新型網路教育傳播者認為他們正在與傳播錯誤訊息的人對抗，不過其實這兩者在許多方面看起來並沒有太大的不同。

網紅空間的產業操作一直在對真實性重新定義、重新評估和重新建構。現在如果要有效地向公眾傳達真實性，分享私人生活、透明公開、某程度的擔責或自我反思是不可少的。網紅多年來一直要回應人們期待他們分享更多私人的事情，借用一名前網紅向 BBC 的形容，可稱作「示弱的煽情」[31]——在多年前，正是此現象引領了「生活風格」內容的時代誕生。這個趨勢在 2020 年代初期變得更加明顯，而且用了許多方式表現出來：有越來越多人會在 Instagram 限時動態上直接對著鏡頭隨意講話；爆料當下或過去的行為、或什麼爭議的詳細內幕（通常是用部落格文章、限時動態、Apple「備忘錄」應用程式上的內容截圖）；還用彩色文字投影片來分享重要的「重點」（通常是用 Canva 應用程式製作）。網紅也會分享更多他們自己工作幕後發生的事情，包括充滿敵意的私訊截圖、Q&A 問答影片以及他們的心理健康狀況更新。[32] 營養學專家兼家庭營養網紅梅根告訴我：他們都在努力提醒粉絲說「螢幕另一側是另一個人，一個真人。」

雖然我訪問過的每一個網紅都說她們想在網路上展現某種真實的自我，畢竟大部分人一定不想做必須不誠實的工作，不過即使是以最真誠的心朝向「真實」而努力，也只能提供一種真實的錯覺。連續但是內容只存在一天的交流工具（例如 Instagram 限時動態和 TikTok 等），以及既方便使用又幾乎不存在人際接觸的網紅交易市場，或許都能夠實現「真實」而有利可圖的交流，不過想利用真實性語言的人，也幾乎可以把所有他想安插的

訊息放進這個框架中。作家喬·皮耶薩（Jo Piazza）在她的 Podcast
「Under the Influence」裡形容這就像是：「我喜歡某人的冰沙
配方，所以或許在其他某件事情上我也應該相信她。」或者是像
莎拉告訴我的：「在我們生活的世界裡，每個人都能分享他的個
人經驗，所以某人貼文談到個人經驗時可能沒有附上前後脈絡。
然而人們會覺得：『噢，如果真有這回事，那我就不能接種疫苗
了，因為這裡有這位蘇西·Q（Susie Q）說她的孩子才五歲就受到
傷害了，有這樣那樣的事。』那個世界很瘋狂。我不知道還能怎
麼說。」

　　當然，大眾媒體的訊息一直都有意識形態，就算只是為了鼓
勵觀眾當一個好的消費者公民，從一系列受到必要性限制和扭曲
的選項中做出選擇，在購買中達成自我滿足和自我實現。文化理
論家狄奧多·阿多諾（Theodor Adorno）和麥克斯·霍克海默（Max
Horkheimer）在從納粹德國流亡之後便定居洛杉磯，他們認為「文
化產業」，即那個時代的廣告、廣播和電影產業，可以達到對普
通工人的管束之效，文化產業的論述會強化努力工作的生活節
奏，「不需要動腦的娛樂」則成為放鬆一下、然後重返工作崗位
的必需品，因此工人就沒什麼機會反思自己的處境或反抗。他們
認為「文化產業永遠在用承諾欺騙消費者。文化產業提供的天堂
同樣充滿苦難……娛樂會帶來順從，也有助於遺忘」。阿多諾和
霍克海默認為文化產業不斷追求效率和利潤，會讓產品在智慧層
面嚴重受限，留給人們的「自由只剩下選擇始終一樣的東西」，
終究「在追求利潤的過程中埋沒了民主」。[33]

　　雖然阿多諾、霍克海默以及他們的社會學理論同行「法蘭克
福學派」（Frankfurt School）的著作在許多方面都對二十一世紀的

文化產業有驚人的先見之明，³⁴ 不過網紅產業基本架構所具有的
意識形態影響力可能還是在他們的有生之年難以想像的。該產業
的溝通規則意味著要成功建構真實性反而要以暗中進行的方式完
成。閒聊、幽默和容易分享的圖像特別適合用於宣傳、錯誤或虛
假信息以及我們習以為常的不間斷產品推銷。人們是在一個技術
系統中制定和體驗這些規則，該系統提供的工具讓幾乎所有人都
可以在沒什麼規則和監督的情況下參與，產業的媒體環境是要從
所有參與者的關注中獲利。「保持真實就好」幾乎從來不是真的
這樣就好。

　　雖然沒有證據顯示莎朗・麥克馬洪有特別濫用她的力量，
不過其他人可就不一定了。「真網紅」涵蓋各個領域，他們
參與產品銷售的程度也各異。一個育兒網紅可能會推薦蒙特
梭利（Montessori）所啟發的玩具，生活風格網紅可能兜售大麻
二酚（CBD）補給品，還有自稱「懷疑論者」的保健網紅會說
COVID-19 是「疫情騙局」³⁵……從無害到有害之間的分界很不明
確──尤其是這群人始終認為自己處於「體制」，以及由體制衍
生出來的產業結構**之外**。

　　疫情的錯誤訊息四處散播，在 2020 年一場針對此現象的討
論中，牛津網路研究所（Oxford Internet Institute）的菲利普・霍華
德（Philip Howard）教授告訴英國議會：他相信「網紅在某種程度
上是上鉤毒品（gateway drug）[3]」。³⁶ 他們很常偏離既有證據，涉
及複雜的話題時特別明顯。一位心理治療師告訴《瓊斯夫人》
（*Mother Jones*）雜誌：「他們會使用科學語言，然後再用偽科
學疊加上去。他們會用一些合理的表達，聽起來很像是他們真
的知道自己在說什麼，但是接下來他們就會加進一些虛假的內

容。」[37]

　　這些例子清楚說明了產業建構的真實性是如何既對其他人和社會整體帶來好處，又造成嚴重的傷害。我們整個群體必須考慮一下，我們是否願意同時接受現狀帶來的好處和傷害？若不願意，要如何既用網路實現創業精神、連結起彼此、表達自我，又不至於付出不受控制的「真實性」這樣高昂的代價呢？有誰能夠，或應該，監管這一切呢？

政治網紅

　　AspireIQ 是一個專門串連網紅和品牌推動贊助交易的市場平台，AspireIQ 在 2019 年十一月出現了一場令人好奇的活動。活動的標題是「團結就會贏：讓柯瑞·布克（Cory Booker）繼續戰鬥」。當時，紐澤西州的參議員柯瑞·布克正在投入美國民主黨的總統初選，他們串連了一些網紅，鼓勵粉絲「用小額捐款讓柯瑞繼續戰鬥」，這些網紅也因此可以透過 AspireIQ 賺得數百美元。

　　發起這個活動的是一個叫作「團結就贏」（United We Win）的民主黨超級 PAC（Political Action Committee，政治行動委員會），這件事被《Buzzfeed News》報導之後，AspireIQ 就從網站上移除了這個活動。[38] 該超級 PAC 的發言人在一份聲明中為他們的努力提出辯護：「這只是用另一種方式吸引網路上的忠實草根支持者，讓這

---

[3]　譯註：又稱入門毒品，有害程度較輕微也較易取得，但會誘使吸食者服用危險性更高的其他毒品。

些支持者付出的時間也可以得到一些報酬，就像是拉票這些比較傳統的競選活動通常也會得到報酬。」[39] 這次活動為網紅領錢參與政治活動的適當性開啟了一些對話，但是沒有得到進一步的媒體報導。

不過在幾個月後，類似的事情又發生了。同一場選舉中有另一名候選人麥克‧彭博（Michael Bloomberg）悄悄把自己的競選活動發布到另一個市場平台──Tribe。文案寫道：「您是否厭倦了混亂和內訌老是掩蓋了那些對我們而言最重要的問題？請告訴我們您的想法，或是用靜態的圖片貼文，再加上您為什麼支持麥克的文字。」《每日野獸》報導該則貼文「點出發布內容應該講到的重點，說明網紅為什麼覺得『我們需要政府發生改變』，還鼓勵創作者要『誠實、熱情和做自己！』」[40] 報酬是每則貼文一百五十美元。

這樣的競選方式在這一次引發了騷動，有許多媒體加以報導或發表評論。有些人嘲笑它，認為候選人只是想要「看起來很酷」。[41] 其他人則理所當然地想到：付錢請人支持政治競選活動，這是否符合道德？如果符合的話，又該如何訂價？這筆交易應該如何揭露？聯邦選舉委員會（Federal Election Commission）沒有特別針對社群媒體網紅做出規定，但是它有規定付費內容必須揭露資金來源。聯邦貿易委員會是前幾年最關注網紅的監管機構，它才剛在 2019 年底發布最新的資訊揭露指南，就連國會圖書館（Library of Congress）也有提供網紅行銷指南，強調三個「要關注的領域」──但是沒有一項提到政治言論或政治廣告。就算是對布克和彭博事件最審慎的分析，都可以看出底下有一股憂慮的暗流：**這件事將導致什麼後果？**

公開利用社群媒體人物來支持政治訊息並不是什麼新鮮事。例如：民主黨國會競選委員會（Democratic Congressional Campaign Committee）在 2018 年付費給網紅宣傳「出門投票」的訊息，而保守派團體「美國轉捩點」（Turning Point USA）也維持著一個由付費和免付費的社群媒體「大使」所組成的網絡。[42] 但是上述發生在網紅市場平台的交易確實讓人感覺**有所不同**。其中一個問題是它的潛在規模。網紅行銷平台的數量無法計數，Tribe 和 AspireIQ 只是其中兩個，它們自誇市場中有數以萬計的網紅，贊助商只要發布一則貼文，理論上就可以觸及和動員這些上萬名網紅。我們已經看到一些例子，像是「羅德與泰勒」用一場沒有完整揭露的服裝宣傳活動在 Instagram 上到處發文造成的慘敗，或是「千禧粉紅」和其他「Instagram 式的」美學在 2010 年代中期肆虐，顯示其機制的確可以讓贊助商用一樣的訊息攻占社群媒體動態，一旦某樣東西表現良好，就會激發之後又有同樣類型的內容重複。

另一個問題是這些競選活動瞄準的目標。彭博和布克都希望利用奈米網紅或是微網紅──也就是擁有數千名粉絲的人，而不是大牌人物。這是很有力的一著棋，他們的目標是盡可能接觸到最多「看起來很普通」的人，而且能把付了錢的支持標語塞到他們粉絲的動態中，又儘量不要讓人看出痕跡。這可能會設下一個令人擔憂的基準，讓各種團體都想動員越來越多人參與付費訊息的傳播。

還有另一個問題是不清楚誰在這些網紅市場貼文的幕後操控，以及是不是違反了該產業的任何規定或規範。例如過了好幾天之後，柯瑞‧布克貼文背後的藏鏡人才被揭露是「團結就贏」，而 AspireIQ 也是在被公眾揭穿之後，才移除了那則貼文。

最後，所有狀況當中最突出的問題，還是缺乏適當的保障來阻止非商業團體利用網紅產業的交易結構達到自己的目的。

在網紅產業存在的大部分時間中，為了不要得罪他人，網紅和品牌都希望彼此不要涉入政治，而且他們的粉絲似乎也有同感。如果貼文的內容有關選舉及政治問題，或是網紅個人的經歷有任何可能引發激烈辯論的地方，都會遭到禁止。但是在 2010 年代，以社會影響力為取向的品牌受到歡迎（眼鏡公司 Warby Parker 的「你買一副，我捐一副」口號或許可作為代表），能帶來利益的真實性本質也發生改變，這些都開啟了緩慢的轉變。《BoF 時裝商業評論》在 2019 年指出「**不表態**的風險更大」。[43] 一名主管告訴《Digiday》：在 2020 年那些充滿爭議的社會議題（尤其是美國總統大選）中，「網紅和創作者必須選邊站的壓力比以往任何時候都大。網紅如今已經無法袖手旁觀……你的受眾不會允許」。[44]

在這樣變化的生態中，政治訊息就不會顯眼，發表政治訊息的動機甚至更為隱晦，政治活動就有望利用這個時刻。網紅平台 Heartbeat 的一名顧問告訴《華爾街日報》：「如果民主黨或共和黨要動員原本就熱情的粉絲，讓他們採取一致的行動，這顯然是最好的機制。」[45] 當然，出錢贊助個人替政治候選人或議題進行遊說，並且運用科技功能，讓消費者可以立即「向上滑動」捐款或交出個人資訊，這些作法似乎與民主該有的考量有所扞格，也不符合幾個世代以來我們對媒體廣告適用的規定和期望。德州大學奧斯汀分校（University of Texas at Austin）的研究人員聲稱政治上贊助的微網紅活動是「一種新的、成長中的『無機』（inorganic）訊息操作形式——由菁英下指令，再透過受人信賴的社群媒體發

言人進行宣傳」。[46]

　　雖然政治人物以及支持他們的團體會利用網紅市場本身就是一件值得擔憂的事了，但是它也指出更大的問題。網紅產業不受監管，市場完全開放，平台也無法追蹤貼文背後的資金，甚至無法知道這則貼文有沒有受到贊助，因為交易主要發生在平台之外。市場和社群媒體公司應該要事先考慮到這些問題，但令人遺憾的是，它們對於發現和解決這些問題都十分遲鈍。網紅都想分一杯羹，他們一直忙著掙得下一份報酬。我們願不願意讓政治人物或政治團體付錢給個人幫他們背書？出售個人的自我表達對社會能產生夠多正面效益嗎？

每個人都是網紅

　　有一些新平台專攻不經潤飾和自行拍攝的內容，這擴大了人們如何理解「一般」人在網紅市場中的價值。TikTok（抖音）是一款出現在 2010 年代末的短影音應用程式，並迅速成為全球巨頭，觀看 TikTok 的觀眾只要一直向下滑，就可以看到似乎永無止境的內容，通常是輕鬆小品。TikTok 在 2017 年於全球推出，用戶群在大約三年內就擴大到將近二十億人；在 2020 年八月，美國的月用戶已經超過一億。[47]Instagram 為了競爭，在同一個月推出「60 秒連續短影音」（Reels），讓用戶可以用這個功能製作一系列有視覺和聲音效果的短影音。這些短暫又看起來很即興的內容既讓人們越來越抗拒看似有目的且精心組織過的動態內容，也提供了讓品牌可以安插訊息的新型式。

　　品牌行銷人員貝絲在 2021 年的一次採訪中解釋：「網紅和

品牌的確必須跟上這一點，更重要的是有揭開祕辛的心態，確保事情的真實，而不是光展示那些你曾在社群媒體上打造過的光鮮亮麗的品牌形象。要真的回歸現實、回歸真實，而不僅是**試著**看起來像真的一樣。」她繼續說：「展示出精彩片段……是Instagram 真正的基礎。但是人們現在當真會想說：『不，我們不想看那些。我們想看真實的東西。』TikTok 也的確讓這個想法蓬勃發展、深入人心。所以我覺得觀眾越來越偏好這個觀點，因此每個人都不得不改變他們的內容。」

品牌和行銷人員注意到人們對於沒有經過什麼編輯、比較容易接觸到的內容越來越感興趣，這類內容也越來越常見。品牌和行銷人員理解吸收了這個現象，並運用於自己的目的。許多品牌希望讓更多「一般人」加入網紅計畫。例如：香蕉共和國（Banana Republic）的一個活動就是人們穿著自己喜歡的該品牌衣服拍照，把照片上傳 Instagram，就可以換取一百五十美元的禮品卡。就連在 @InfluencerPayGap 也有投稿文章稱讚奈米網紅（指擁有大約一千至五千名粉絲的網紅）和更小型網紅的潛力。有一名新進的內容創作者自稱是「擁有不到一千名粉絲的南亞裔加拿大人」，她分享有一間護膚公司提供了四種免費產品供她選擇，評論每一種產品都可以拿到一百美元——對這個市場範圍而言是相對「划算的交易」。她寫道：「我想對所有覺得自己還很渺小的帳號說：繼續做自己，不要低估自己。就算你的粉絲不多，品牌也會注意到你。」[48]

也有品牌希望挖掘公司內部的「一般人」作為主角，鼓勵自己的員工擔任網紅的角色。例如：沃爾瑪（Walmart）推出的Spotlight 計畫便是要求員工發表日常生活中發生的內容，例如

工作或是沃爾瑪的主打商品或企畫。一名副總裁告訴網路媒體
「Modern Retail」：Spotlight 在 2020 年先從五百名美國員工開
始，目標是在幾年內擴大到一百五十萬人，並成為「世界上最大
的員工網紅計畫」。沃爾瑪推出 Spotlight 是為了「讓品牌顯得
有人性，帶給客戶他們真正想看到和參與的那些真實而切身相關
的內容」，不過顯然不會真的只有在閒聊。

> 雖然個人內容占了 Spotlight 貼文的大部分，不過品牌
> 贊助也在增加。沃爾瑪在十一月與可動人偶品牌 Funko
> 展開合作，Spotlight 網紅都要發布有關 Funko 產品的貼
> 文⋯⋯以一項計算互動率的演算法排名，前十名的貼文
> 都可以獲得兩百美元現金。還有其他獎金更高的挑戰。
> 在沃爾瑪與懸浮滑板品牌 Hover-1 合作的新挑戰賽中，
> 最高獎金為一千美元。[49]

　　沃爾瑪聲稱 Spotlight 計畫是將權力授予員工，這點不令人
驚訝。不過此計畫讓以擁有「網紅技能」而自豪的員工能有獲得
獎金、加薪或潛在的升遷機會，於是一名提倡員工權益的專家對
於樹立這樣「危險的先例」表示了擔憂。[50] 現任或前員工「可以
用 TikTok 影響品牌觀感，影響力無限」，所以像 Spotlight 這樣
的計畫也能夠反過來成為打擊現任或前員工抹黑訊息的有力工
具[51]，而且**也可以**增強員工的忠誠度。如果有個人的工作內容包
含公開討論僱主的正面特質，而且成功做到這件事會帶來金錢或
是其他獎勵，那麼離職或是在公司內爭取變革就會變得很困難
了吧？

隨著品牌改變策略，把更多人納入網紅陣營，網紅產業中的技術方（平台公司和把心思放在技術面的行銷和營利企業）也在找方法做出更多用於銷售的東西，和開發出讓應用程式中更容易交易的工具。Instagram 在 2019 年推出購物車功能和「下拉通知」（drop notifications）功能，讓品牌可以傳送訊息到粉絲的主畫面，預告新產品即將發布。聯盟行銷業務在 2020 年蓬勃發展：RewardStyle 說在疫情封城的第一個月中，佣金與去年的同期相比成長 40%，付費活動則增加 30%，競爭對手 ShopStyle 也說同時期的聯盟行銷業務成長為 90% 到 100% 之間。[52] 實體店關閉讓零售商越來越依賴網紅幫他們推送行銷內容和推動銷售，即使在疫情的限制解封之後，這個趨勢也沒有任何逆轉跡象。網紅主導的活動可以帶來利潤、效率頗高，而且前景可期，因為有越來越多人成為了可能的商業管道。Instagram 在 2021 年以幫助創作者為名義發布了自己的聯盟行銷工具，這很明顯是要蠶食聯盟行銷業務這塊利潤豐厚的大餅，以及在敗給 TikTok 等平台多年和辜負用戶之後，再度嘗試重新鞏固網紅的忠誠度。

直播購物（live shopping）是指網紅用直播推薦自己在使用的產品，而且可以立即購買。因為疫情造成生活方式改變，和人們更常使用 3C 產品，直播購物逐漸流行起來。包括亞馬遜（Amazon）、Facebook 和 Google 在內的各大科技公司都在 2020 年推出視訊購物，RewardStyle 也有 LTK Shopping Video。科技業媒體「The Verge」將 2020 年稱為「直播購物年」，它觀察到「每個平台最終看起來都像是 QVC（電視購物公司）的現代翻版，只是網紅取代了名人，而且網紅會從銷售額中抽成」。[53] 的確，如果行銷人員和品牌想把名人代言的銷售和新媒體的技術結合在一

起，直播購物一直都是理想的手段。

　　QVC 就很能體現這樣的努力——它是 1980 年代之後的家庭購物電視頻道，會以直播方式展示產品及與品牌代表對話，並一直鼓吹觀眾「現在就來電！」購買產品。雖然 QVC 和家庭購物電視網（Home Shopping Network）等同類型的公司一直是有線電視時代的中堅力量，向全球數億個家庭播放節目，但是它們也一直被認為太過土氣。不過在網紅掌舵的社群媒體時代，科技公司對這個模式做了調整，也斬獲了更與時俱進和有效的初步結果。這些創新的購物作法仰賴科技才得以達成，並以網紅為中心，使得《Vogue》在反思 2020 年底的網紅行銷狀況時，認為「該擔心失去市場占有率的人不是編輯，而是零售商」。[54]

　　在 2010 年代下半葉之後，比較平易近人、不像表演、由生活方式看似與大眾相近的「一般」人所提供的內容逐漸蔚為風潮。政府頒布居家令又進一步加速了這種轉變，人們更常與網紅發表的內容互動，而實體的購物則幾乎落伍了。網紅產業也做出一些預料中的適應和自我保護，重新洗牌讓更多人可以成為「網紅」角色，並走入用自我來營利的生活方式。不過，雖然此產業標榜人人皆可參與，但是也帶來許多令人擔憂的後果。當網紅的陣營擴大時，同時也就有更多人暴露在它的問題中。

　　有越來越多研究團體在探討網紅問題，也有許多記者從事這個特定領域，我們從他們那裡得知網紅的工作在許多方面都很繁重。網紅必須不斷探索個人和商業之間鬆散的邊界。[55] 他們的生計取決於他們在應用程式上的日常行為，且由不透明的演算法和其他第三方技術中介機構所決定。[56] 他們所在的產業結構往往體現出社會和經濟的不平等，[57] 對於獲得成功（以及成功是什麼

樣子）的敘述往往如同神話一般。[58] 正規的支持或資源幾乎不存在，所以網紅會各自創建自己的支援手段。[59] 商業公司受惠於他們的龐大價值，但似乎只有在看到直接的好處時才會聽取他們的意見。網紅的全部工作都在社群媒體進行，但是社群媒體沒有客戶服務專線——如果其體系在技術或文化上無法正常運作，網紅也找不到「老闆」或人力資源代表可以談談。因此他們的心理健康會受到影響，實在毫不令人意外。[60]

2019 年的一系列研究（我也參與了其中一些）讓人們對網紅產業的個人成本和社會成本感到嚴重擔憂。其中一項研究揭示社群媒體公司公開將內容創作者想在平台上「做好」的努力視為道德上的錯誤，但同時卻也涉入了同樣的行為——這種根深蒂固的、不平衡的權力動態堪稱「平台家長主義」。[61] 另一項研究探討了性別和演算法的交集，展示了傳統上被認為不屬於「技術專家」的美妝類影像部落客是如何發展出有效的閒話模式，幫助自己在面對主要平台的演算法不透明時，仍能取得成功。[62] 還有一項研究在探討社群媒體對「能見度要求」的性別動態，女性創作者發現自己陷入一種特殊的困境：她們對自己的描述需要「夠真實」，但是又不至於太過頭而變得「太真實」，不過無論是哪種情況，她們都會冒著遭受騷擾和仇恨的風險。[63] 還有兩篇研究用不同方式整理了生活變成靠技術實現的不間斷購物體驗，此現象背後的工業和政治經濟力量。[64] 而在同一年有一項調查發現，十三歲到三十八歲的美國人之中，有高達 86% 的人願意為了金錢贊助發布內容。[65]

從網紅產業在 2020 年代初期的動向，可以看出其問題和潛力都不再限於創意產業這個多年來持續因應網紅引領的變革的事

業，該產業的邏輯和技術已有長足的進步以及無限的可能，可以接掌越來越多人的日常生活經驗——不論是職場、休閒時間，或是與其他人的溝通。泰勒・洛倫茨在《紐約時報》描述了一個特別反烏托邦的未來——有一些網紅不再止步於銷售產品，而是嘗試把可以決定自己生活的權力出售，將當天要吃什麼或做什麼的決定拿去拍賣。[66] 這是否會具體發展成一種可行或是更常見的收入來源，尚有待觀察，但是總體趨勢引出了一個問題：如果「用人的日常生活來賺錢」變成了迅速發展的產業，它的終點在哪裡呢？

專職化

網紅產業持續成長，讓該領域的痛處變得益發明顯。2020年顯現的經濟和種族問題又與另一個更廣泛的問題交纏——此產業缺乏專業保護和凝聚力，卻又長期迫切需要這些機制。網紅行銷在 2021 年的產值將近一百億美元，[67] 但是它從發展初始就顯露的不穩定性造成了明顯的傷害。分享私人生活和自我商品化的需求不斷增加，但是報酬卻不明確，也沒有統一的道德準則，從交易協商到演算法能見度的來由和運作方式都缺乏透明度，這些還只是缺乏職業穩定性造成的問題之一。網紅的文化貢獻和經濟價值當然足以形成一個職業階級，他們也被當作廣告、電影或新聞等方面專業的文化生產者。但是他們卻沒有專業新聞記者協會（Society of Professional Journalists）可以尋求道德上的指引，也沒有演員工會（Screen Actors Guild）或自由工作者聯合會（Freelancers Union）給他們好處和其他支持，更沒有國家廣告商聯合會（Association of

National Advertisers）或美國廣告代理商協會（4A's）推動社群和職業發展。他們有的，卻是人們對於網紅這種背負著個人風險提高利潤的工作不表尊敬的態度。

錢安娜・史密斯・布魯內托（Qianna Smith Bruneteau）在 2021年告訴我：「創作者是美國的小型企業主，這種敘事沒有被表現出來。」布魯內托曾經擔任部落客、編輯和社群媒體行銷人員，現在則是美國網紅委員會（American Influencer Council，AIC）的創辦人兼執行董事。AIC 是在 2020 年成立的非營利貿易組織，它的目標是解決上述這些問題。AIC 旨在支持年輕創作者的職業生涯、提供教育和交流機會，也設法制定專業標準，並支持保護創作者職業利益的法規。

布魯內托說：「我認為人們想要公平的機會，以及創造足以提升商業道德和標準的文化。」她認為只有影響力的「極端」面向才會得到更多公眾關注，就像金・卡戴珊那沒完沒了的產品發布與考究環境中的自拍，或是捲入醜聞的「爛人」。她說：「我們這一行中大部分人都是……認真工作的美國人，他們投入自己的一切去發表內容、製作符合品質的媒體，推動了全球對真實內容的需求，但是你看不見他們，他們沒有能見度。所以，如果是那些極端值在決定網紅的樣子，吃虧的就是這一群人。我認為這就是我們的領域亟需標準的原因。」

艾莉莎・李希特（Aliza Licht，她的帳號 @DKNYPRGIRL 也可為 2000 年代末的新興網紅產業提供概念上的證明）提出另一個目標是「定義成為職業網紅意味著什麼。標準是什麼？最好的作法是什麼？真的有官方認證你成為職業網紅嗎，抑或就是指發布了幾張照片的人？職業網紅其實是微型公司。他們做的是不可

思議的工作，很出色的工作。有很多工作要做……人們只覺得『噢，他們就是起床後拍個幾張自拍，發布出去，然後一天的工作就做完了』，我想這讓很多創作者覺得有點沮喪。其實事實並不是這樣。」

　　業內有種常見的白名單（white-listing）作法：品牌會把網紅創作的內容放在自己的動態中作為廣告投放，而不是放在網紅的動態中。事實上這種作法就清楚顯示出許多已達專業程度的網紅並沒有獲得相關的保護或專業教育。布魯內托指出麥克・彭博競選的例子：「為什麼他要花幾百美元利用創作者製作的迷因（meme）呢？嗯，因為這樣他就不用繳廣告稅了……你可能沒法想像在二十歲的時候有人願意出一千美元叫你做幾個迷因吧，對吧？」

　　美國演員工會──美國電視和廣播藝人聯合會（SAG-AFTRA），也就是電影、電視和廣播專業人士的工會，花費三年收集數據和審議之後，在 2021 年二月宣布了一份給網紅的新契約。此契約讓單獨工作、組建公司和製作影片的內容創作者可以加入工會，也有資格獲得健保、退休金、以及專業指導等福利。工會主席嘉布莉兒・卡達尼斯（Gabrielle Carteris）告訴網路媒體「Teen Vogue」：「我覺得我從網紅那裡聽到的最明顯的事就是剝削。[68]他們意識到自己無權掌控，那真的令人沮喪，尤其當他們的業務開始成長時特別難過。這些品牌都是大公司，你會覺得自己孤掌難鳴，真的很難感受到自己有什麼權力。」

　　AIC 和 SAG-AFTRA 制定契約的部分宗旨是讓網紅產業中的「好人」能夠獲得安全感和資源，並希望淘汰「爛人」。不過要說從實務上定義這些參數，他們才剛起步。專業的界線要畫在哪

裡，誰有權力做這件事？又有誰的利益要受到保障呢？

評估情勢

在 2020 年代初期發生了劃時代的 COVID-19 疫情、種族正義運動和美國的政治動盪，大舉揭示了研究人員和許多網紅從業者（尤其是那些經濟和種族背景較為弱勢的人）都早已知道的事實：這個產業旨在用大家期望的「真實」做交易，但是也無法擺脫現實中令人厭惡的部分，兩者是綁在一起的。引起關注之後，網紅和品牌也在改變策略想要迎合這個時刻。

其中一些變化顯示出究責、公平、包容性和專業支援取得可喜的進展，而一些網紅在處理公眾關心的議題時取得成功，也無疑是可以略感樂觀的理由。網路的內容創作當然是有建設性的事情，可以讓個人的連結、自我表達和商業都蓬勃發展。但是網紅產業目前的情況也提供了可怕的剝削機會——不論是社群媒體公司、品牌、網紅、行銷人員、政府和其他團體都**在剝削的同時也在被剝削**。如果我們評價其他人的真實性是看他們在產業建構的真實性框架下表現如何，就可能會出現令人擔憂的結果。這些憂慮不再限於時尚、新聞或音樂等正式的文化生產領域。其實我們在某種程度上都是網紅產業的目標——業者希望用各種方式招募更多「真實的人」，受意識形態驅動的實體也希望用產業的工具和規則把訊息傳達給我們。

本章探討的事件最終顯示出，無論從業者是否有意識到，網紅產業在解決某些既存問題方面，腳步已經落後了。最初受商業驅使的從業者還在搶奪混亂的市場，然而他們為了製作、評估和

推銷有影響力的社群媒體內容而創建的基礎架構（也就是由人設帶動創作，並透過許多平台和工具賺錢）都已經超出了他們的控制範圍。許多團體（無論是政治或其他團體）都可以利用這個產業的工具和規範來展現自己的存在或想法，成果看起來就像是最新訂製的護髮產品那樣無害。當這個產業想要區分網紅和非網紅的同時，我們也變得越來越相似。幾乎沒有到位的保護機制可以防止這種情況，只有個人和公司在修補他們的直接領域。所有這些都發生在我們的眼皮子底下，就在網路社交、自我表達和資訊共享的幾個主要平台。產業和公眾有理由要懷疑：誰真正掌握了主導權？我們都同意這樣做嗎？

第六章
真實的代價

　　青少年歌手奧莉維亞・羅德里戈（Olivia Rodrigo）在 2021 年七月獲邀至白宮作客，這是鼓勵年輕人接種疫苗的策略之一。她的受邀行程包括一系列精心策畫的拍照活動，以及創作適合發布在社群媒體的圖文，內容是她與副總統賀錦麗（Kamala Harris）和總統喬・拜登（Joe Biden）會面，羅德里戈和賀錦麗同樣穿著淺粉色套裝，拜登和這位歌手也戴了同款的飛行員太陽眼鏡。安東尼・佛奇博士（Anthony Fauci）是美國國家過敏和傳染病研究所（U.S. National Institute of Allergy and Infectious Diseases）的所長兼總統首席醫療顧問，他和羅德里戈共同錄製了一段影片，在影片中讀出幾則有關疫苗的正面推文，這是套用晚間娛樂節目的一個流行橋段，讓名人唸出有關他們自己的推文。整個訪問過程都經過精心策畫，也公開承認是要利用羅德里戈這位「Z 世代網紅」向瞄準的群體傳達訊息。這種類型的公關噱頭在歷代都有，歷史學家丹尼爾・布爾斯廷稱之為偽事件（pseudo-event）。這一次的有趣之處在於策畫人是誰：不是通常的公關宣傳經營團隊，而是一個叫作蘭登・莫加多（Landon Morgado）的人，白宮最近聘請他來「指導與創作

者的合作」。連白宮都創設了這個職位，並聘請 Instagram 時尚團隊的人出任，說明網紅產業與過去相比已不可同日而語，在過去，如果有一家歷史悠久的雜誌聘用一名十多歲的部落客，包括我在內的所有人都會感到十分奇怪。

社會各個角落的人和組織都在為了不同目的而擁抱網紅邏輯。[1]下一個合邏輯的問題似乎是：**現在應該做什麼？**首先是評估：當今的網紅產業是一個複雜且影響深遠的訊息／商業／個人傳播工具，但它的激勵制度已經遭到嚴重破壞。接下來，我會詳細介紹我認為對社群媒體公司、品牌、網紅和「日常」媒體用戶的激勵措施主要有什麼分歧，以及是誰、或是什麼方法才最有助於解決這種狀況。

我會用這個框架來指出產業的技術、規則和作法為什麼**激勵**人們和企業做出某些特定選擇。情況無法決定一切，但是有足夠的證據顯示，行為和結果的確形成了固定模式，這讓我們認識到網紅產業以現有的方式發展帶來什麼好處（通常是對個人）和傷害（通常是對社會）；也知道我們必須對問題存在的所有層面都施加干預，包括個人、產業和監管層面。這些干預的效果會累積起來，修正一個領域的問題很有可能使另一個領域受益。

社群媒體公司累積權力卻免責，應受監管

網紅產業發展的總體趨勢變成權力**脫離**個人和個人的擁有物（例如部落格），**轉移到**社群媒體公司（例如最近有了新樣式的Meta）、以及提供了各種自我商品化技術的公司（例如 Reward-Style 及其同類公司）。

　　這種權力的轉移有部分是透過企業收購或盜竊較小的平台。過去十年間的著名收購案包括收購 HelloSociety——該公司的擁有者曾經多次變更，最後是歸屬在《紐約時報》名下。此外還有 Twitter 收購 Niche 公司，Google 取得網紅市場 FameBit。當然，企業權力的最大「贏家」非 Meta 旗下的 Instagram 莫屬，Instagram 在 2016 年替企業用戶提供了強大的分析功能，在 2019 年引進它原先一直拒絕採用的技術，讓用戶不需要透過第三方應用程式就可以在 Instagram 動態直接購物，並在 2021 年推出系統內部可用的營利工具，包括聯盟行銷工具。這些工具都舉著「幫助創作者」的大旗，但其實主要是為了在策略上破壞競爭對手的前景，並增加用戶花在 Instagram（而不是其他應用程式上）的時間。

　　或許讓社群媒體公司累積權力的最重要因素是與產業有關的人都希望能將效率提到最高、將風險縮到最小。個人從業者（尤其是網紅）希望獲得收入和知名度；品牌希望內容一致和可預測；行銷人員則希望這些流程有效率且帶來利潤。隨著這個領域變得規模龐大、利潤豐厚，社群媒體公司也越來越想吸引和迎合這些相關人員。他們的作法是聘請各創意產業的知名專業人士來領導一個和網紅合作的部門，例如《LUCKY》雜誌的前編輯陳怡樺（Eva Chen）和《浮華世界》及《哈潑時尚》（Harper's Bazaar）的德雷克·布拉斯貝格（Derek Blasberg）分別進駐 Instagram 和 YouTube 耕耘時尚合作關係，以及投入資源研究網紅領域，並引進工具確保網紅使用平台的體驗更為輕鬆愉快。這也反過來改變了數十億人使用的社群媒體平台，替用戶提供了更深入參與和符合網紅範式的工具，包括人一現身就可以進行購物、能夠更頻

繁和「真實」的發文（符合「真實」不斷變化的形式），以便靠
演算法獲得能見度、增加粉絲數量，並獲得受眾的正面回饋。

在幾次比較小型的權力「乒乓球賽」之後，權力大幅移轉到
媒體和科技公司，我採訪的幾名網紅都經歷過這個轉變。就像是
他們所描述的：網紅存在的樣貌會長成目前的樣子，有部分原因
是他們在自己原先計畫好的職業道路上缺乏權力，想要重新調整
定位以遠離這些道路。廣告商很快就注意到他們的存在，並想加
以利用，這使得網紅獲得相當大的談判權力。接下來又有行銷人
員和其他中間人參與其中，希望提供支持並從中獲利。網紅簽署
了一系列比較可預期的交易，也需要在各種平台上取得成功（這
些平台本身都存在不穩定，Twitter 旗下的短影音平台 Vine 的快
速興衰就是一例），因此會失去一定程度的權力，並將內容的控
制權交給這些平台。

各種趨勢，例如透過數據找到越來越小的網紅子集，讓不同
「等級」的網紅（或第三章所描述的「漏斗」）之間的分歧越來
越大。一邊是能用推廣和遊說工作獲得豐厚報酬的網紅，另一邊
則是被期待要無償工作或以工作交換免費產品的人。我曾採訪的
兩位女性的經歷對比最能夠清楚說明這一點：時尚類小網紅丹妮
爾認為如果向品牌索取促銷工作的報酬，不啻為「一種搶劫」；
而擁有數十萬粉絲、後來自己創辦公司的網紅阿蘭娜則覺得她可
以、也夠格替工作收費，好讓自己過上舒適的生活——不過她最
近也發現品牌不太願意支付她認為自己值得的費用，寧可去找像
丹妮爾這樣要求比較少的小型網紅。

權力明顯偏向了網紅產業的技術守門人這一方，所以在產業
的持續發展中最容易觀察到他們的動態。網紅產業發展的方式包

括個人將自我展示與商業品牌交疊在一起、行銷人員會協助品牌
和網紅找到他們潛在的商業影響力，以及運用社群媒體工具，讓
用戶能夠從他們看到的內容中「立即購買」……這些都實現並
加速了商業化在網路上快速蔓延，以及滲透到人們的自我展示
中。早在 2015 年就有一名產業觀察家在網路媒體 AdExchanger
上寫道：網紅活動的一個關鍵，就是「激發 UGC（使用者供應內
容）」。[2] 換句話說，品牌和行銷人員認為網紅的表達方式的關
鍵部分就是促使「一般」的社群媒體用戶模仿他們，而這種表達
越來越相似，而且特色都是要促購。靠著這種方式，每一次社群
媒體互動都成為一個潛在的商業點，網紅產業推進了廣告商和行
銷人員長久以來的目標：讓顧客越來越願意掏出錢。借用耶洗別
（Jezebel）直白的描述：它「承接了大企業」想賣給你更多垃圾的
願望。[3]

自我和商業的緊密結合，在過去從未到如此廣泛的程度。網
路溝通的核心工具幾乎都在要求用戶要把市場思維納入考量和經
常運用，這勢必會讓人們理解領會自己和他人的方式面臨重組
（讓我們回想一下艾麗卡在第二章中描述她試圖用內容來「擄
獲」其他人）。此外，人們會認為商業領域不嚴肅，這掩蓋了網
紅領域更大的社會和實質問題，包括對環境的可能影響、重大
的勞工問題，還有該產業最近被當作傳播錯誤訊息和宣傳的工
具——這些徵象都說明了社會學家大衛·希爾（David Hill）所謂的
平台的「道德傷害」（moral injury）。[4]

立法機關必須注意到平台公司與用戶之間的權力嚴重失衡和
缺乏透明度，以及大型平台公司和試圖與之競爭的人之間也產生
了權力失衡。此外，政府機構、立法機關和公司領導階層必須明

白市場對我們帶來許多反社會的結果。作家兼哈佛商學院教授肖莎娜・祖博夫（Shoshanna Zuboff）曾觀察：「我們在歷史上曾看過企業權力高度集中帶來了經濟損害。但是如果把人類資料設定為原料，而對人類行為的預測設定為產品，那麼損害就是社會面的，而不是經濟性的了。困難在於人們經常把這些新出現的損害理解為獨立、或甚至不相關的問題，結果就讓問題不可能獲得解決，反而還使每個新階段的損害都為下一個階段創造了條件。」[5] 確保社群媒體的安全性和完整性是「一項被私人實體所阻撓的公共服務」。[6] 美國人民廣泛支持要監管「科技巨頭」，[7] 立法機關應該以此為首要議程，直到以人為本、有理有據的解決方案能夠通過。

網紅的工作環境不透明及需要專業組織

Instagram 在 2021 年夏天發布了一系列公告和影片，旨在通知和吸引該平台的網紅。其中一段影片詢問了 Instagram 的負責人亞當・莫塞里（Adam Mosseri），問到如果網紅覺得「演算法對他們不利」應該如何繼續取得成功，莫塞里的回應是：

> 關鍵之一是要實驗、嘗試新事物，找出現在能引起觀眾共鳴的內容，因為可能與半年、一年前都不一樣了。還有其他廣泛的因素。我認為跟上影片的趨勢是好事。影片必須在前兩秒就抓住人們的注意力，不然人們就會滑到下一則動態了。我也希望有什麼靈丹妙藥，我希望我能教給你什麼公式，但就是沒有。[8]

　　莫塞里的建議內容和基調就說明了一切。他看似是在回答網紅的問題，但是其實根本沒有說明多少事。嘗試新事物一直是網紅的基本工作，他們遭遇的問題是規則似乎一直在變，而且並不透明。而最能解釋原因和改善方法的那個人，卻完全不想明說。此外，在發布這部影片的時候，各種不誠實、騷擾或其他負面內容的影片的流量都明顯很好。在錯誤資訊和假消息顯然很盛行的時候，建議網紅「找出能夠引起觀眾共鳴的內容」，講得好聽是不適當，講難聽就是輕率了。這段對話影片說明了網紅長期以來都知道的一件事：他們最終還是得靠自己。

　　網紅的工作替品牌和社群媒體公司創造了巨大價值，但是即使他們在文化和經濟上的重要性增加，也不一定能改變他們不穩定的地位。如同本書所述，網紅依賴的平台和品牌會激勵他們始終「處於開啟模式」，經常運用自己的技能，並不斷分享個人的故事，不過都要用能夠賺錢的方式——而什麼是「可賺錢」的，定義卻經常改變。預約活動和獲得報酬通常要取決於其他人願意給，而且報酬的差異和歧視並非少見。網紅的工作對商業領域越來越重要，但是很難用目前的形式持續下去。

　　網紅必須認識到自己是文化勞動者，要透過工會和其他職業化的努力組織起來。其中有些行動已經開始進行了：在第五章中討論的 SAG-AFTRA 契約和美國網紅委員會的發展就是這方面的兩個樂觀進展。但是還有更多事情可以做。激勵結構需要在技術和文化上進行改變，例如要激勵內容創作者遵守專業標準，而不只是「引起共鳴」。媒體和文化史學家佛瑞德・特納曾對網紅生態提出觀察：「個人主義的表現，是在公共辯論的背景下揭露整個人的自我，這長期以來都被視為對抗極權主義的堡壘，但也讓

今日的獨裁主義獲得了新的合法性。」[9] 網紅作為專業群體，必須建立自己的堡壘對抗獨裁主義，並對彼此、受眾和經驗現實負責。

在這裡特別值得一提的是「網紅」（influencer，原義為「有影響力的人」）這個詞本身隱含的意義，是由其使用方式、時間和對象所決定的。讓我們回想一下蘇格拉底和莎士比亞的時代，影響力具有的負面含意會讓人聯想到「某種非理性的屈從」。[10] 在比較近期的行銷和量化社會科學的歷史中，「有影響力的人」則通常是中性或正面的──指一個扮演了重要角色的人，有時他們也無法停止扮演這個角色。同一個詞在網紅產業中又加進了其他意思，例如有些網紅就不喜歡有人暗示他們的工作是邪惡的、只為了讓人們以特定的方式行事。也有人認為「網紅」一詞與過時的行銷話語有關，而且適用於女性身上時會出現不公平的情況。[11] 還有一些人認為他們的工作已經變得比「網紅」一詞所指的更為複雜。例如韓國美妝網紅 Pony 告訴網路媒體「Glossy」：

> 我的確覺得是時候該換個新詞了。「網紅」這個詞也沒有錯，但是我覺得自己是策展人和教育工作者。我會與品牌合作，用他們的品牌故事和產品在全球傳播美妝藝術。我們現在需要有另一個詞來涵蓋一切。這個產業在成長，網紅也在改變。角色和責任不斷變化，現在我們該去適應、而不是限制自己。[12]

為了解決其中的一些問題，社群媒體公司、品牌和網紅越來越常使用「創作者」這個詞。媒體學者史都華・康寧罕（Stuart

Cunningham）和大衛・克雷格（David Craig）主張要用這個詞來概括
今天以各種形式蓬勃發展的社群媒體內容創作者，包括影像部落
客、直播主、Instagram 用戶和 TikTok 明星，而這個說法也的確
令人信服。[13] 雖然我承認這些論點都有可取之處，也支持工作者
可以為自己下定義，但是我也注意到一個關鍵的區別。「網紅」
這個詞是在近幾年發展形成的，成為網紅需要一些證明：會有一
定數量的人根據你發布的內容做出一些事情。從這些條件來看，
並不是每個人都會發揮影響力——但是我們卻都可以「創作」。
照這樣來說，名稱的轉變對社群媒體公司而言似乎相當有利。如
果有越來越多人依照網紅的範式把自己看作潛力無限的「創作
者」，就可以吸引更多用戶使用社群媒體、把更多時間花在創作
應用程式的內容，並讓更多人用產業限制下的真實來體驗世界。

品牌和行銷人員須優先考慮價值導向的創造力，而不是含糊不明的績效

　　品牌和行銷公司雖然在很多方面有所不同，但都是在網紅產
業內活動，簽約並宣傳網紅的工作。多年來，品牌和行銷人員面
對無數有抱負的網紅和內容，因此他們用了各種工具和作法來決
定要與誰合作、在什麼條件下合作，以及如何有效地完成。我們
已經在第三章中討論過他們為了把效率提到最高而採取的許多措
施。內部和外部壓力持續存在，讓他們覺得必須優先考慮績效，
而不是價值觀。隨著時間過去，這些變化也帶來各種影響。為了
了解其中一些影響，我將回到本研究的起點：時尚產業。

　　雖然界限已經越來越模糊，不過時尚一直是網紅產業中比較

常見而且有利可圖的垂直產業之一。[14] 因此，在這個領域中可以明顯觀察到網紅產業對創意產業造成的一些重大影響，包括生產和行銷的週期加速、有越來越多為了短期使用而製作的產品，以及必須在社群媒體上「表現好」的創作風險降到最低——接著這些影響又擴展到我們的大部分文化景觀。已故的浪凡（Lanvin）設計師阿爾伯・艾爾巴茨（Alber Elbaz）在 2015 年指出：

> 我們設計師在一開始時都是懷著夢想、直覺和感情的時裝設計師。起初我們會想：「女人想要什麼？女人需要什麼？如果要讓女性的生活變得更好、更輕鬆，我能為她們做些什麼？怎麼樣才能夠讓女性變得更美麗呢？」這就是我們過去所做的事。然後我們會成為創意總監，我們需要創作，但大部分還是在下指令。現在我們又必須變成圖像創作者，要確保圖片看起來很漂亮。畫面必須讓人尖叫出聲，寶貝——這就是規則。大聲就是新流行。大聲就是新的酷東西，也不只有在時尚界是如此。[15]

　　林德威・愛德科特（Li Edelkoort）經常被稱為全球最有影響力的趨勢預測家之一，她也在 2015 年指出，「誤用行銷正在扼殺時尚」。她在一份廣為流傳的宣言中寫道：「行銷已經在大公司內部取得權力，而且正在操縱創作、生產、展示和銷售。」[16]

　　跟上潮流是增加按讚、評論和其他影響力指標的萬靈丹，跟上潮流的壓力讓一些人「只是為了在 Instagram 上發文」而買衣服，發完之後就退貨了。例如有一篇英國研究發現有將近十分之一的英國消費者會做這類行為。[17] 此外也突然出現一些只在線

上經營的快時尚公司，它們顯然是想利用網紅帶來的社群媒體交易會「頻繁地買進賣出」的風潮。例如洛杉磯的 Fashion Nova 公司每週會提供大約一千種新款式，每種款式「就是讓你穿一次，或許兩次，照個相然後就丟掉了」。[18]Zara 和 H&M 等老牌的全球快時尚公司也不乏這樣作法，它們會透過社群媒體發掘許多趨勢，而其生產時間是以兩週為一個循環，可以根據趨勢不斷推出新產品。[19]

就是在這種脈絡下，我採訪的一些網紅提到他們的工作有一個看不見的無趣負擔：要處理經常從品牌那裡收到的大量包裹。斯凱拉告訴我：每天處理郵件寄來的大量產品占據了「我的許多時間，而且我花很多工夫處理」。這個問題說明了消費者文化加速發展對環境造成的廣泛影響，而網紅產業只是消費者文化中的一個機制——儘管並非無足輕重的一個機制。只要想到科技類網紅會收到無數塑膠製的鋰電池供電產品、美妝類網紅會收到包裝繁複的化妝品、「兒童網紅」會收到玩具，以及和這一切有關的大量服裝（這些產品通常是由發展中國家的廉價勞工製造的），我們就可以想像這個體系帶來的人力和環境成本——我們也只能夠用想像的，因為沒有關於這個主題的全方位資料。雖然有時候會有個別網紅在訪談和社群媒體貼文中說他們會嘗試將不使用的產品捐贈或出售，不過到目前為止，還沒有確實的方法可以追蹤網紅產業對物質層面的影響。

同時，時尚類的案例也提供了網紅產業擁有正面影響的例證。自從社群媒體誕生以來，就常見到一種論點，說社群媒體是「民主化」（democratization），意指這項技術讓每個人都可以在以前很難涉足的權力殿堂中發表意見。雖然這個說法有嚴重的限制

和問題，不過的確有一些證據表明部落客、網紅和其他數位內容創作者的崛起改變了時尚產業的表現方式，幫到一些想要發展和分享自己觀點的人。《Bitch》雜誌也指出：

> 對於由年輕女性和非二元性別的有色人種主導的一代來說，時尚和美妝部落格用了幾個關鍵方式讓許多人接受網際網路。年輕用戶會學習編碼和寫作的基礎知識，有時候甚至沒有意識到自己正在學這些東西。同樣重要的是，他們在時尚雜誌和零售商的標準規範之外發展出一種美學和語言，這類觀點對美感和風格的眼界更開闊。[20]

其實我採訪的許多人對於他們學習了新技能、還幫助建立一個產業感到自豪，這個產業不僅讓他們能更接近他們認為愉快滿足的工作類型，而且還能夠用創意表達自己、與志趣相投的人建立連繫，而這些人在傳統的時尚行業中都未必能夠「成功」。

如果品牌想要的創意表達和有效的行銷之間出現落差，就可以由強大的中央專業組織協助解決。就像是美國時裝設計師協會（Council of Fashion Designers of America）可以協助成長中的有創造力的設計師，強大的專業網紅組織也可以替初出茅廬的專職創作者提供協助，替行銷公司和品牌制定最好的作法，包括提供資源，持續進行內部評估和修改政策，找到不公平的點加以解決。將網紅視為值得重視的專業合作對象，和在公平的條件下與他們簽約，不僅有助於糾正嚴重的權力失衡，應該也能夠促成和激勵品牌在產品開發和行銷方面承擔更大的創作風險。品牌應該要理解，以「更多」和「更快」作為指導原則往往會導致品質下降，品牌應

該展現出它們在產品設計方面的專業知識,並做出更好的商品,而不只是做出更多商品。產業必須找到方法來增強效益,包括創業精神、連結、建立網絡、創意表達以及推動對重要議題的公眾對話,並且減少危害。

用戶缺乏他們迫切需要的選擇及公開透明的環境

本書的重點放在網紅產業的從業者,不過他們的工作影響範圍甚廣。社群媒體徹底顛覆了大眾媒體的時代,這在許多方面都是有充分理由的。但是如果我們繼續一頭鑽進個人即媒體企業的時代,而沒有察覺到就算網紅傳達的訊息與之相反,但是他們也和前輩一樣,都有觀眾看不到的財務、文化和個人壓力,那就太愚蠢了。愛德華・伯奈斯在二十世紀初描述的「看不見的機制」依然存在。我們的愚蠢在於相信在這個產業化的「真實性」普遍流行的年代,我們這些用戶可以看到真實的全貌。就算是像我們這樣花了許多時間鑽研媒體產業的人,也知道專業知識有其限制。把拼圖拼湊在一起需要時間。提供資訊的人每天所做的事和每條內容背後都有許多激勵措施在運作,期望用戶能認識到這點其實非常不合理。

但這也可以補救。只要聯邦貿易委員會擁有夠充足的資源,就可以貫徹規則和監督,讓那些不釐清彼此關係的網紅和品牌總是嘗到苦果,就能讓消費者清楚辨識哪些是付費內容。這不像是加上「#ad」主題標籤那麼簡單,但是對贊助內容做出「清晰且明顯」的揭露還是必要的。網紅會推銷自己為專家和提出觀點的

「真實」人物。有越來越多網紅把自己看作「社群領袖」，這表示他們更專注於經營特定觀點和訂閱他們的人。在網紅的經歷中揭露他們所做工作的本質，有助於讓用戶了解就算其中一篇貼文沒有得到贊助，也不意味著該名網紅「只是普通人」，網紅還是必須維持「品牌安全」和一致性才能繼續工作。我們必須提醒這點，直到人們廣泛了解這個新興的專業文化生產領域。

此外我們也必須記住，轉向網紅尋求資訊，會造成新聞業的持續危機。在本書付印時，TikTok 和 Substack 都在用自己的方式蓬勃發展，Substack 的訂閱電子報模式特別吸引了許多知名而有抱負的作家。雖然這些平台或許有機會讓人們聽見新聲音，但是它們也讓內容創作者利用技能和真實性的**表演**來進行交易，放棄了堅守專業或公共利益的價值，這會帶來一系列問題。[21] 記者和新聞機構必須努力重新獲得公眾的信任，並挽救他們那套失靈的激勵制度。如果要建立和維持健康的網路資訊環境使人人皆可投入，這便是其中的重要部分。[22]

更廣泛且棘手的轉變是來自用戶的心態。期待個人用戶停止使用這些會帶來剝削的平台當然很不公平，如果這些用戶的生計或人際關係都與這些平台息息相關，那這種期望就更加不正當。我在本書中詳述的問題都是結構性的。但是在負責解決這些問題的機構採取行動之時（或之前），我的確也相信個人可以根據各自的情況採取適當的措施來保護自己，包括他們的金錢、時間和心理健康。在這方面，我受到藝術家兼作家珍妮·奧德爾（Jenny Odell）作品的啟發，她主張我們應該採取一種現實的抵抗形式，方法是提高我們對注意力集中在哪裡、集中的原因、和目的為何的意識。[23] 我是遵照奧德爾的想法，希望人們盡可能培養一種距

離感和實用的心態——有意識地使用社群媒體，無論你的意圖是嚴肅還是愚蠢。

媒體學者馬克・安德耶維克（Mark Andrejevic）在 2000 年代初期研究電視時，簡要地提出了「被觀看的工作」這個著名的概念，[24] 描述媒體公司是如何靠著出售消費者的注意力從消費者那裡攫取價值。[25] 我主張網紅應該組織起來，同樣的，我認為就算是非專業的社群媒體用戶，也應該認識到他們做的哪些事會替科技巨頭公司創造利潤，並在投票、為自己發聲及使用社群媒體時牢記這一點。

真實性是產業的建構

本書透過網紅產業參與者的聲音，探討了在當代的媒體環境中，社群影響力如何不只是一個過程，而是一種商品。影響力經由人和科技的評估，被賦予了物質價值。利害關係人會以真實性來評價影響力，而真實性是產業的建構出的產物，會在不同時期替不同團體帶來利益或損害。網紅、品牌、行銷人員、社群媒體公司等會透過一系列策略培養真實性，並持續評估其他人的真實性，以判斷他們是否擁有或可能擁有影響力。這些作法和指示是由他們所處的複雜且不斷重新協商的產業和社會政治動態，以及他們自己的傾向和偏見所決定的。網紅用這種方式產生的真實性讓人想起社會學家艾希莉・米爾斯（Ashley Mears）關於模特兒產業如何替美賦予價值的研究，她觀察到：「這種特質存在於生產者本身的社會地位和關係。它存在文化生產的世界中，是由市場的編輯和商業循環那充滿活力的交流和持續的談判所組成。」[26]

　　學術對話也逐漸以真實性為主題，學者普遍認同真實性是一種社會建構，個人、團體、組織或政府可以將其用於戰略目的。[27] 如同作家安德魯・波特（Andrew Potter）所寫的：「真實性是一種談論世界事物的方式，是一種做出判斷、提出主張和表達偏好的方式。」[28] 真實性現在沒有、也不曾有過「真正」的含意或體現，它的存在總是取決於人們在特定時間或地點的想法。

　　我在這本書中強調了現今真實性的產製在本質上就有產業因素涉入。早期的部落客和網路內容創作者起初會將「真實性」視為一種信念──回想起來或許有點天真。隨著網紅產業的發展，「真實性」變成一種特定的美學、文本詞彙和技術的基礎架構，被許多個人和團體用於賺取經濟和意識形態的利益。網紅間的真實性不一定是自然產生的（就算它以前是），它與現在網路互動中的商業主義密不可分。當我完成這本書的研究時，社群媒體正在從精心策畫的動態加速轉向未經編輯、不經潤飾的分享。這種趨勢直接回應了先前對網紅的自我呈現所建立的形式和規範──但它也隨即被認為是一種真實性的新形式，標誌出網路影響力的流行美學的變化。[29] 換句話說，社群媒體環境中的真實性改變還是繼續在同樣的培養和商品化系統中發生，只是外觀看起來不一樣了。

　　對不同的人來說，真實性就意味不同的事情。是要公開你所有的好惡還是一律保持「正向」？是要分享生活，還是專注在某一種內容類型？要回應粉絲並經營個人關係嗎？展現真實性最好是拒絕經濟利益，還是將贊助和薪資完全公開？Instagram 限時動態、TikTok、精心製作的 Substack 貼文，哪個最能夠清楚表達想法？當你的內容或行為偏離自己的價值觀，你是否要公開說

明？要不要永遠堅定擁護特定觀點，無論其細節內容是符合社會價值或是反社會？所有這些標準都依不同人和不同時間而定。因此，重要的是其生態系統容許這種定義上的不確定性得以存在。

因為這裡的真實性意義總是隨著產業環境而變化，因此它的意義和價值就繫於人們在這些範圍內的表現為何。網紅產業版本的真實性依然只是真實性在世界上無數定義的其中一個，不過它背後有著巨大的科技和經濟力量。現今閱讀、觀看或聆聽媒體內容的所有人都必須應對的，是產業版本的真實性。

重新思考損害

影響力被重新定義成可以賺錢的社群力量，有一個比較不幸的後果是讓影響力的概念變得令人懷疑——即使它原本可以是一股善良的力量。勞倫斯·斯科特在《紐約客》裡寫道：

> 影響力不斷商業化，也破壞了我們影響和激勵彼此的這個振奮人心的過程。所以，我們持續面臨的挑戰是調和影響力經濟中固有的不真實和懷疑，同時又讓自己能夠接受其他人的異類想法、甚至受它影響而變得更好。[30]

可以確定的是，雖然我們對當今的網紅產業有諸多批評，但是我們也應該記得它在很大程度上是出於良好的意圖。如果我們時光倒流回大眾媒體公司掌握一切權力的時代，那將是一場災難。網紅產業的發展讓人們賺取收入、探索他們原本沒有機會實現的興趣和不同面向的身分、學習創作技能，並做出跨產業而更

多元的表現。但是這個產業單單只讓「任何能產生共鳴的東西」引領產業前進，產業環境還是由營利取向的公司所操作的不透明技術系統，這些公司的用戶幾乎沒有任何權利可依恃，這可能會帶來其他災難性的結果。

網紅產業的發展前提，是個人渴望在財務、創作和時間上得到安全感和自主性，在 2000 年代的職涯不穩定和經濟不安全感加劇的情況下，人們對此有明顯的感受。社群影響力被重新定義成一種網路商品，**理論上**任何人都可以培養和銷售這種商品，[31] 於是參與網紅產業的各方人士創建並制定了一個價值多變的系統，社群媒體能見度優於一切，創作的風險被減到最小，並要求從業者在線上的自我呈現要結合商業原則──同時還要使用真實性表現作為衡量標準。不論是對真實性的這種痴迷，或是要追求被認為是「真實」的資訊來源，其實都不是新鮮事，但是在過去的十年中則因為各種技術、經濟和文化的力量而變得更加深刻和普遍。由於社群和行動媒體技術不斷使我們與真實性產生連結，持續不斷追求真實性有時會讓人感覺耗盡心神。

二十世紀的大眾媒體時代是以由上而下的結構為其特徵，這個結構在二十一世紀呈現分裂，個人故事和互動成為商業訊息的傳遞工具。網路的自我表達以及它被認為有多「真實」，被與追求利潤的公司不斷變化的需求連結在一起。人們當然不是無能為力，但是我們的存在的確是由我們所生存社會的歷史、政策、基礎架構和組織所形塑的。我們當下的監管、技術和文化環境會激勵人們參與網紅系統、建立品牌、培養受眾，和追逐能見度或是追隨其他這樣做的人──而這些方式正在塑造我們經歷的歷史。撇開網紅產業的流行論述，大多數人會涉入此產業的原因並不

是因為他們是社群媒體時代的自戀型兒童，而是因為在一個經常讓人感到心神不寧的世界中，這似乎是個獲得職業滿足感的好機會。

　　網紅產業的發展根植於文化、技術、經濟、社會和學術演變的悠久歷史，但絕不是事先注定的。就實際面來看，該產業的成長故事終歸是人們在面對社會斷裂和政策失敗時，為生存而做出的進取行動。第一章闡述的經濟和產業危機是引發網紅產業蓬勃發展的完美風暴之一，而**誰**湧入該產業以及為什麼，都與當時的政策密切相關，還有當 2020 年代面臨更根本的社群危機時，該產業的邏輯和工具是如何擴展，以及威脅到每個人均可投入的進程和我們的自我體驗，也與當時的政策有關。我探索網紅產業的發展和影響，目標是放大相關人士的聲音，並喚起學術界和監管機關的注意，要他們傾聽和觀察媒體和科技產業在社會動盪時刻的所做所為──以及他們是用了什麼方法達到的。

附錄

本研究的背景

本書是始於我在 2014 年的研究，我原本是著重在時尚產業的影響力和內容創作不斷變化的中介動態。考慮到我的背景，以及如果要觀察社群媒體對文化生產帶來的變化，時尚部落客是最早、能見度也最高的先驅者之一，那麼這個題材似乎是合乎邏輯的選擇。不過在我的研究有所進展之後，繼續維持這個範圍就變得不可能了。網紅和品牌開始擁抱「生活風格」傳遞的訊息和美學，因此時尚和其他產業之間的界線就變得很模糊，服裝公司會贊助網紅度假，網紅會分享和之前的專業領域無關的建議和個人經驗，行銷人員也可以欣然運用因此而擴大的機會去仲介贊助合作，社群媒體公司開發的工具和規則既促進、也阻礙了網紅的工作。就在一年內，我確實就清楚看到新興的**網紅產業**在推動文化力量的數位重組（那是我有興趣討論的主題），時尚之外的其他產業也被推著一起前進，甚至一起加入發展。

我在接下來七年的研究中追蹤了這個現象。在網紅產業成形

之前，我是追蹤部落客的數據。部落格沒落之後，許多部落客轉向 Instagram，我也跟著他們一起去了那裡。在我寫作時，又有許多人現在轉移或是擴張到 TikTok 或 Substack（也有些人同時使用這兩者）。追蹤部落客變身 Instagram 用戶再轉為其他平台用戶的這一連串過程，讓我蒐集了大量資料。重要的是這段過程很早就帶我認識行銷公司、選角機構和本書中提到的各種其他中間人，他們共同創造了網紅產業。當然，和其他所有研究計畫一樣，我的資料只是用來說明一套更大的整體概念的一小部分材料。讀者可能會注意到本書並沒有特別探討在當時也很重要的其他平台，例如 YouTube 和 Snapchat。有越來越多文獻在針對某個平台的內容創作，探討其中的各種文化和產業動態，[1] 雖然我沒有深入研究 YouTube 或 Snapchat，但是我希望本書中發現的動態也可以適用於這些平台及其他平台。

我必須再次強調，本書是基於美國的研究，因此也是全球的情況的一部分。網紅產業在世界各地運用了許多相同的社群媒體平台，包括 Facebook、Instagram、YouTube 和 TikTok，產業在各地的存在形式與我在書中描述的有相符和相異之處，有些平台在其他國家有壓倒性的影響力，但是在美國的網紅生態中並非核心，例如微信在中國的情況就是如此。此外，第三方中介機構的差異也很大，有些遍布全球，有些則是以特定的國家或地區為中心。網紅工作中的利害關係可能會根據國家和地方的政治、監管和基礎結構背景而有極大的不同，[2] 因此，我們無法認為本研究中的美國從業者所經歷的機會和限制在全球範圍內均普遍相同。

方法

本書由結構上對媒體產業進行批判，並以社會學和批判的媒體理論及方法為基礎，其中包括文化生產的視角[3]和重要的媒體產業研究[4]。這些方法之間也有差異和爭論，主要是社會學家提出的「文化生產」觀點並沒有充分解釋文化產業和其他組織的區別，而批判性的媒體產業方法在許多方面則是對文化的生產方式提出回應和修正。但是這些研究方法也會關注「文化的象徵元素是如何受到創造、傳播、評估、傳授和保存的系統所塑造」，[5]並強調要對文化生產過程採取「通盤概覽」。[6]「通盤概覽」的方法借鑑田野調查和其他質性分析，目標在解釋「文化和經濟力量之間的相互作用」，[7]以及「權力關係的複雜性和矛盾性」。[8]同樣重要的是，使現在的文化、社會和商業間的關係扎根於歷史的背景中。[9]

這個方法的核心是盡可能利用不同的資料來源以獲得研究的全貌。因此，我對網紅、行銷人員、零售品牌主管和其他參與網紅行銷的人都進行了深入訪談。我也會在產業活動中進行參與觀察，以及分析了產業報刊和鉅細靡遺地解讀 Instagram。其中每一個方法都有其優點和限制。

深度訪談

在 2015 年到 2021 年之間，我總共訪問了四十三位在網紅產業工作的專業人士，包括網紅（其粉絲人數從兩千五百人到超過一百萬人不等）、行銷機構的創辦人及主管和分析師、在不同品

牌的社群媒體和網紅團隊工作的人、經紀人，和趨勢預測家等。我追蹤了其中一些人許多年、進行了多次採訪，了解他們的業務和生活發生了怎樣的變化。

我是透過閱讀產業報刊、網路搜尋、LinkedIn 和 Instagram、在產業活動中與人會面、以及滾雪球抽樣（snowball sampling）找到相關的專業人士，並邀請他們參與本研究。如果參與者不是透過滾雪球抽樣招募來的，就是我以電子郵件進行陌生開發（cold call）[1] 找來，我在電子郵件中會自我介紹說我是研究員，再大概解釋一下研究計畫，邀請對方通電話或直接與我見面。訪談可能是面對面進行，不過最常見的是透過電話，通話長度從大約二十分鐘到九十分鐘不等。在徵詢受訪者同意後訪談會錄音，並在事後由專業人士或我進行轉錄。受訪者可以選擇匿名或同意我在後續寫作中使用他們的真實姓名或職位，或者姓名與職位並列。因此，本書中會同時包含真實姓名和化名，化名在首次提及時會加註星號。安納伯格傳播學院（Annenberg School for Communication）從 2019 年開始提供研究經費給我，讓我可以在每次訪談時向受訪者提供二十美元酬金。

對於受訪者是否要揭露身分，各人的不同選擇反應了網紅產業中固有的權力動態和緊張關係。幾乎所有品牌主管和產業中的專業人士（例如趨勢研究員）都傾向於匿名，因為他們擔心僱主不贊成他們談論自己的工作，也擔心萬一他們揭露了有關業務的「殘酷事實」，會讓人對他們自己、或他們的公司產生不好的印象。大多數行銷人員和幾位網紅則選擇透露他們的身分，其中一名受訪者說他們通常會「很高興讓自己的名字曝光」。也有一些網紅（尤其是我早期採訪的人）可能不想公開批評這個產業，或

是主動想與該產業保持距離，因此選擇了化名。

參與觀察

　　我會在實體和虛擬活動中進行參與觀察，與物色研究的參與者。我參與過的活動包括 2015 年的紐約春夏時裝週（New York Fashion Week S/S）、2015 年的費城科技週（Philly Tech Week）、2016 年的 FashionistaCon 和 2018 年的社群媒體週（Social Media Week）。我在許多這類活動中都只是靜靜地坐著觀察，不過如果我需要參與討論或是向某人自我介紹，我會說自己是網紅領域的研究員。

閱讀產業報刊和 Instagram

　　我用「Google 新聞」搜尋「網紅」一詞時，找到三千多篇新聞文章，發文時間從 2006 年一月到 2020 年十二月。這些寶貴的發現顯示了網紅領域的成長和發展的歷史軌跡、提供了相關的統計資料，並展現了網紅產業中的專業人士是如何公開討論其緊張關係和目標。我也會參考相關的產業報告，以加深我對該領域的了解——例如 eMarketer 的報告，以及皮尤研究中心等資料來源對網際網路和社群媒體的使用報告。我會依照經過歸納並有確實根據的理論方法，用 Dedoose 手動編寫文章。[10]

　　我經常使用 Instagram，因此當有以網紅為目標對象的新

---

[1]　編註：源自電話行銷行業，指直接聯繫從未接觸過的對象以鼓吹對方接受推銷或提議。

技術發布時，我就會立刻知道，並加以使用。例如我就是使用了 Instagram，才會早早知道 Instagram 可以使用外掛程式 LikeToKnowIt 進行購物，並透過網紅的內容向網紅支付銷售佣金。不過，平台用戶的體驗會受到平台收集個人資料和演算法的影響及限制。換句話說，我幾乎可以確定我會更頻繁地看到針對白人女性和母親的內容，因為我的身分就是如此。雖然我自己的社群媒體使用經驗並不是研究的主要資料來源，不過它的確會提醒我去探索特定趨勢，同時它很可能也讓我忽略其他趨勢。

這些多管齊下的資料收集方法是為了盡可能完整捕捉到網紅產業在各個層面的活動和表達。對行銷人員和零售品牌的訪談，讓我們了解是什麼信念和作法（例如評價或選擇網紅的方法）在引導該產業的經濟和技術發展。對網紅的訪談揭示了行銷人員、零售商和社群媒體公司制定的這些標準會怎樣操作和體驗。網紅也解釋了他們如何靠著配合現行規範或對抗規範來推展自己的事業，他們要如何協調安排自己複雜的公私身分，以及他們對未來的網路內容創作的希望和目標。這些訪談都能夠為產業的發展軌跡提供必要的歷史脈絡，也說明了不同群體的行為和戰略決策往往是根據其他利害關係人正在做什麼、公眾想要什麼，以及世界需要什麼的想法而決定──這些想法可能與現實相符，也可能是被想像出來的。

閱讀產業報刊和參加產業活動可以幫助我了解網紅產業如何談論和宣傳自己，以及它的未來目標，和它認為的潛在問題或障礙是什麼。有了這些，再加上我自己對 Instagram 的使用（或「閱讀」）經驗，足以對辨識該產業的重大趨勢或變化提供重要

資訊，也對我的採訪過程、或拼湊出該產業的歷史提供了許多
資訊。

圖片

謝辭

　　完成一本書究竟需要多少人和多少事的推波助瀾呢，大概很少有什麼事比仔細思考一下這件事更令人思緒澎湃的了——尤其是這本書從想法的萌芽到完成草稿，總共花費了將近十年的時間。

　　本書草稿的所有正式工作都是我在賓夕法尼亞大學安納伯格傳播學院（Annenberg School for Communication at the University of Pennsylvania）期間完成的——我先是該學院的博士生，然後又成為數位文化與社會中心（Center on Digital Culture and Society）的研究員與正式成員。安納伯格傳播學院教職員的支持對這本書的完成以及我的寫作過程發揮了重要作用。我的博士指導教授約瑟夫・圖羅（Joseph Turow）對我的不斷鼓勵、為我提供值得深思的問題和俏皮的談話，幫我從根本上形塑了這一路以來的寫作思維。芭比・澤利澤（Barbie Zelizer）和維克多・皮卡德（Victor Pickard）給我的回饋形成了這本書的企畫中需要的視角。楊國斌和數位文化與社會中心將我從產後面臨的疫情迷霧中拉了出來，並為我寫作草稿時提供了經濟和精神上的支持。我對他們的感謝溢於言表。

　　多年來，我有幸與許多位優秀而且慷慨的人們在其他研究計

畫中合作，我從他們身上學到很多。當我還是一年級新生時，同樣是新來乍到的布魯克・達菲（Brooke Duffy）教授就願意給我機會。儘管我們的教育和專業軌跡有驚人的相似性，不過當時我們完全不認識，但是我們很快就開始一起工作了。如果沒有她這位共同研究者、良師和益友的慷慨大度，我勢必無法走到今天這一步。凱特琳・彼得（Caitlin Petre）和李・麥格根（Lee McGuigan）分別在不同的計畫中用重要的方式拓寬我的視野——而且和他們一起工作其樂無窮。

我最深的感謝要獻給願意與我分享故事、目標和挑戰的各位部落客、網紅和內容創作者，以及願意提供他們的專業知識、反思和提問的行銷人員、品牌代表、經紀人、趨勢研究員和網紅產業中的其他專業人員。我非常感謝你們每一個人抽出寶貴的時間，協助我分析你們所引領的這個世界。我要特別感謝莎朗・麥克馬洪（Sharon McMahon）、布萊爾・伊迪（Blair Eadie）、達比・西斯內羅斯（Darby Cisneros）和冰淇淋博物館（Museum of Ice Cream）授權我在書中使用你們的 Instagram 照片。

梅根・萊文森（Meagan Levinson）和普林斯頓大學出版社（Princeton University Press）的團隊在我們第一次通電子郵件之後，就表現出他們的熱情、體貼與支持，我很高興能與他們一起合作，將這本書推向世界。我衷心感謝匿名審稿人為本書的提案和初稿提供了深刻而且真誠的回饋意見。勞拉・波特伍德—斯塔塞爾（Laura Portwood-Stacer）在出版過程中提供了重要的建議，並幫助我開啟這段過程。

一位智者曾經說過：每個成功的女人背後都有一群素材把她拱上檯面。我想要在這裡說：這件事千真萬確——或許在疫情

期間尤其是如此。埃琳娜‧馬里斯（Elena Maris）、羅西‧克拉克—帕森斯（Rosie Clark-Parsons）和我六年來的辦公室夥伴薩曼莎‧奧利弗（Samantha Oliver），她們三位是我的集體智慧智囊團，在應對這項工作具有的特質、掙扎和刺激時，有她們為我提供當面和數位的支援，可謂至關重要。我也要仰仗我的賓夕法尼亞州立大學（PSU）好友，包括阿什利（Ashley）、克里斯塔（Christa）、愛麗絲（Elyse）、艾蜜莉（Emily）、史蒂夫（Steph），和老朋友艾米（Amy）為我提供支持和歡笑。我很幸運有真正「最真誠」的朋友。

　　這本書最終是為我的家人所寫的，也是我的家人所促成的。首先，最重要的是我的先生亨利（Henry），他從我們十幾歲時就開始無條件支持我，他是任何人能夠想像的奉獻最多也最忠實的父親和伴侶。幾個兒子的出生帶來我們所不知道的高峰和低谷，也讓我們認識到事物的真正價值。我的父母和公婆不僅幫我們照顧孩子，還一直為我們提供精神上的支持。尤其是我的母親，當我還不確定是否該邁出這一步時，她就鼓勵我（有些人可能會覺得是嘮叨吧）攻讀研究所，許多年來也一直為我提供大量的相關雜誌和剪報。我也要深深感謝我自己的姊妹和我先生的兄弟姊妹對我的支持，還有為我感到自豪。而我的祖父母和外祖父母在我的生命中那令人驚奇而堅定的存在，深刻地塑造了我的生命，還有我的曾祖父母以及外曾祖父母，他們的巨大犧牲以及出於某些狀況甚至很難獲得最基本的教育機會，都讓我永遠銘記於心。基於這些和其他許多原因，我希望永遠都能夠好好掌握我所擁有的美好機會。

內文出處

緒論

1. Pooley (2010).
2. Gevinson (2019).
3. 例如：可參見 Frier (2020) 與 Turow (2017)。
4. Enli (2014).
5. 可參見 Gillespie (2010)。
6. 其工作從頭到尾都可以連結到與工業化和資本主義等經典思想（例如：Marx 2012；Weber 1946）相關的主題（尤其是最佳化、非人化、自動化），也是持續的金融成長和文化關聯性的關鍵。這些相互交織的主題會在本書中輪番出現。

第一章　基礎

1. Peiss (Fall 1998).
2. Scott (2019).
3. Weber (1946) 關注的是在哪一種政治和經濟環境下會產生有影響力的領導人，他認為「在精神、身體、經濟、道德、宗教或政治困頓時期」，看似有卓越特質的領導人往往會變得有影響力（245）。但是這些領導者之所以能崛起，是他們讓人感覺到的**真實性**。韋伯指出魅力型領導者「總是拒絕任何系統性的、合理的金錢利益，因為這樣會喪失威嚴」，他們並不是靠著專業知識或培訓來證明自己，而是靠他們貫徹自己主張的能力（247）。同樣重要的是領導者和追隨者之間的人際關係，追隨者傾向於在領導者周圍建立社群，並有助於促進再次強調真實性。
4. Ewen (1976), 58.
5. Ewen, 43.
6. Ewen, 19.
7. Barton (1925), 151.
8. Barton, 151.
9. Creel (1920), 3–4.
10. Creel, 3–4.
11. 例如：Lasswell (1927)。
12. Bernays (1928), 9.
13. Maio & Haddock (2010), 3.
14. 例如：可參見 Hovland, Janis & Kelley (1953) 及其他耶魯學派（Yale School）的著作。
15. 在近幾年中有人提出合理的懷疑，質疑這次廣播劇引起恐慌的報導是否言過其實。不過，普遍還是認為恐慌的確存在，因此也有以該廣播劇及其聽眾為對象所做的研究。更多詳情可參見 Memmott (2013)。
16. 可參見 Cantril (1940) 與 Lazarsfeld, Berelson, Gaudet (1948)。
17. Katz (1957), 61.
18. Katz (1957), 62.
19. Katz (1957), 61.
20. Granovetter (1973) 將該領域推向方法論的方向，它是一篇具有突破性的文章，現在也被廣泛引用。
21. Gitlin (1978).
22. Douglas (2006).
23. Douglas (2006), 42.
24. 例如：Jensen (2009) 與 Bennett & Manheim (2006)。
25. Packard (1957), 4.
26. Cialdini (2001) 的觀點比 Berger (2013)

略具批判性，他也有提出人們如何辨
識和抵制這些策略的建議。

27. Berger (2013).

28. Berger (2013), 18.

29. Keller & Berry (2003), 2.

30. Bernays (1945), 158.

31. Schaefer (2012), xvii.

32. Boorstin (1962) 與 Currid-Halkett (2010)。

33. Turner (2015).

34. Banet-Weiser (2012)；Hearn (2010)；Marwick (2013a)；與 Tan (2017)。

35. Graeme Turner (2010) 將這稱為媒體的「大眾化轉向」（demotic turn）。

36. Lowenthal (2017 ed.), 219.

37. Goldhaber (1997a).

38. Goldhaber (1997a), 3.

39. Senft (2008).

40. 相關研究的例子太多了，無法一一列舉，不過可以從一些書籍開始：Marwick (2013a)，Turner (2014)， 與 Duffy (2017)。

41. Marwick & boyd (2010)；Senft (2013)；Schaefer (2012)；與 Marwick (2013a)。

42. Hearn (2010), 435.

43. Goldhaber (1997b).

44. Scott & Jones (2004).

45. Gard (2004) 與 Nielsen (2012)。

46. Pew Research Center (2018).

47. Baym & boyd (2012).

48. Peters (1997) 與 Neff (2012)。

49. Pink (2001).

50. Hook (2015).

51. Pew Research Center (2014) 與 Cillizza (2015)。

52. Bishop (2009).

53. Shambaugh, Nunn & Bauer (2018).

54. Gill (2010)； 也 可 參 見 Ticona & Mateescu (2018)。

55. Peters (1997).

56. Pope (2018).

57. Hesmondhalgh (2012) 與 Petre (2015)。

58. eMarketer (2016).

59. Turow (2017).

60. Damico (2017).

61. Nichols (2010).

62. The In Cloud (2014).

63. 例如：Serazio (2013)。

64. Duffy & Hund (2015).

65. Drolet (2016).

66. 例 如：Terranova (2000) 與 Andrejevic (2002)。

67. 例如：Luvaas (2016) 與 Duffy (2017)。

68. 例如：Gill (2010) 與 Neff (2012)。

69. Neff (2012).

70. Duffy (2017).

71. Kuehn & Corrigan (2013).

72. Banet-Weiser (2012); Abidin (2016).

73. Luvaas (2013), 73.

74. Hennessy (2018).

75. Stamarski & Son Hing (2015).

76. Holland (2015).

77. Schulte et al. (2017) 與 Stone (2007)。

78. 因此有許多內容創作者面臨騷擾和批評，這也可以理解為女性在父權限制的範圍內找到方法實現了商業成功，因此遭到怨恨，Peiss (1998) 有對這個現象的概述。

79. Duffy & Hund (2015), 9.

80. Duffy (2017), 104.

81. Kanai (2018).

82. 布魯克・艾琳・達菲在 2017 年出版的著作《(Not) Getting Paid to Do What You Love》闡述了女性氣質、消費主義和技術前景之間的複雜動態。

83. Duffy & Hund (2019).

84. Lingel (2017), 24.

85. Lingel (2017), 25.

86. Banet-Weiser (2012), 5.

87. Lingel (2017), 26.

88. Turner (2019).

89. 例如：Petre (2015) 與 Marwick (2015)。

第二章　為交易型的產業設定合約條款

1. Corcoran (2006).
2. Corcoran (2006).
3. Turow (1997).
4. Mediakix (2017).
5. Burns (2014).
6. Blankenheim (2001).
7. Serazio (2013), 16.
8. Peters (1997) 與 Hearn (2008)。
9. Bogost (2018).
10. Talevera (2015).
11. Purinton (2017).
12. Banet-Weiser (2012), 8.
13. Banet-Weiser (2012).
14. Arriagada (2018), 2.
15. Duffy (2017).
16. Clark (2014).
17. Duffy & Wissinger (2018).
18. Duffy & Hund (September 25, 2015).
19. 其概述可參見 McGuigan & Manzerolle (2014)。
20. Ang (1991).
21. Ang (1991), 2.
22. Napoli (2011), 3.
23. Napoli (2011) 與 Kerani (2013)。
24. Napoli (2011).
25. Serazio (2013), 121.
26. Stevenson (2012).
27. Stevenson (2012).
28. Schaefer (2012).
29. Stevenson (2012).
30. Baym (2013).
31. McRae, 2017；第四章中將有進一步討論。
32. 例如：Zubernis & Larsen (2011)；Maris, 2016。
33. Baym (2013), 8.
34. Duffy (2017).
35. 這些公司是透過這種方式聲明其真實性並提高市場地位，因而躋身 2000 年代初具有領先地位的社群網站。可參見 Salisbury & Pooley (2017)。
36. Ronan (2015).
37. Gaden & Dumitricia (2015), 2.
38. Gaden & Dumitricia (2015), 2.
39. Duffy & Hund (2019).
40. Duffy (2017), 135.
41. Van Dijck (2013).

第三章　讓影響力更有效力

1. Evans (2012).
2. Morrison (2015).
3. Brouwer (2015).
4. Rainey (2015).
5. Talavera (2015).
6. 皮尤研究中心的數據顯示在 2011 年，有 35% 的美國人擁有智慧型手機；在 2017 年則有 77%──這使智慧型手機成為「近代史上最快被採用的消費技術之一」（Perrin, 2017）。
7. Pavlika (2015a).
8. Segran (2015).
9. Segran (2015).
10. Kurutz (2011).
11. Lo (2011).
12. Duffy (2017).
13. Duffy & Hund (2015).
14. Leiber (2014).
15. Chen (2016).
16. Pavlika (2015).
17. Maheshwari (2018)；還會在第四章中做進一步討論。
18. Bishop (2019), 10.
19. 例如：Duffy (2017) 與 Marwick (2013b)。

20. Trapp (2015).
21. Johnson (2015).
22. 例 如：Pham (2013) 與 Duffy & Hund (2015)。
23. Bishop (2021).
24. Duffy & Hund (2019).
25. Lewis (2008), 2.
26. Lewis (2008), 3.
27. Levine (2015).
28. Mari (2014).
29. Mari (2014).
30. 可以參見參考書目中所列的 LTK。
31. Lorenz (2018).
32. Williams (2018).
33. Johnson (2015).
34. Tietjen (2018).
35. Robles (2015).
36. Wylie (2018).
37. Hund & McGuigan (2019), 20.
38. Lam (2018).
39. Lam (2018).
40. Camintini (2017).
41. Skinner (2018) 與 McNeal (2020)。
42. Robles (2015).
43. Lowrey (2017) 與 DePillis (2017)。
44. Nathanson (2014).
45. 例如：Schonfeld (2010)。

46. Leiber (2014).
47. Leiber (2014).
48. Carlson (2015).
49. Gibbs et al. (2015), 257.
50. Shunatona (2015).
51. Alteir (2015).
52. Smith (2018).
53. Hubbard (2016).
54. Tolentino (2019).
55. Coscarelli (2015).
56. Stephens (2017).
57. Avins (2015).
58. Rosman (2014).
59. Rosman (2014).
60. Rosman (2014).
61. Refinery29, "29Rooms."
62. Refinery29, "29Rooms."
63. Weiner (2017).
64. Maheshwari (2018).
65. Gesenhues (2013).
66. Tate (2013).
67. Florendo (2015).
68. Hunt (2015) 與 O'Neill (2015)。
69. O'Neill (2015).
70. Saul (2015).
71. Drolet (2016).
72. Marwick (2013a), 5.

第四章　揭露影響力的陰謀，並重新定位

1. The Shorty Awards.
2. Epstein (2018).
3. Wanshel (2018).
4. Epstein (2018).
5. Rife (2018).
6. Smith & Anderson (2018).
7. Perrin (2017).
8. Lorenz (2018).
9. Lowrey (2017).
10. PR Newswire (2016).
11. Moss (2017).
12. Bloom (2019).

13. Contestabile (2018) 與 InfluencerDB (2018)。
14. Pathak (2018).
15. Beck (2015).
16. Federal Trade Commission, "Lord and Taylor Settles FTC Charges."
17. Griner (2015).
18. Federal Trade Commission, "Lord and Taylor Settles FTC Charges."
19. Tadena (2016).
20. Amed (2018).
21. O'Reilly & Snyder (2018).

22. Fair (2017).
23. Daniels (2016).
24. Fyre Festival (2017).
25. Furst & Nason (2019).
26. Karp (2017).
27. Burrough (2017)；Ohlheiser (2017)；與 Baggs (2019)。
28. Smith (2019).
29. Smith (2019).
30. Bryant (2017).
31. Gaca (2017).
32. Flanagan (2018).
33. Marine (2019).
34. Furst & Nason, 2019.
35. Confessore et al. (2018).
36. 例如：Leiber (2014)。
37. Confessore et al. (2018).
38. Confessore et al. (2018).
39. Confessore et al. (2018).
40. Confessore et al. (2018).
41. Geller (2018).
42. Brooke (2018).
43. Geller (2018).
44. Robles (2018).
45. Vranica (2018).
46. Brooke (2018).
47. Sipka (2017).
48. Banks (2015).
49. Banks (2015).
50. Starling AI.
51. McCall (2016).
52. McCall (2016).
53. Webb (2019).
54. Dewey (2016).
55. Jones (2018).
56. Sullivan (2018).
57. Mau (2018).
58. Mau (2018).
59. Mau (2018).
60. Goldberg (2017).
61. Gahan (2017).
62. Gahan (2017).
63. Maheshwari (2019).
64. Facebook, "Branded Content Policies."
65. "Instagram for Business."
66. "Instagram for Business."
67. Agrawal (2016).
68. Angulo (2016).
69. McRae (2017), 14.
70. Duffy, Miltner & Wahlstedt (2020).
71. McRae (2017).
72. 例如：Silman (2018)；Noor (2018)；與 Goodwin (2017)。
73. 有關於對工作者的抵制 —— 拉幫結派 —— 的詳細討論，可參見 O'Meara (2019)。
74. Petre, Duffy & Hund (2019).
75. Hund & McGuigan (2019) 與 McGuigan (2018)。
76. McGuigan (2018).

第五章　產業的分界消失

1. Lush (2020).
2. Williamson (2020) 與 Statista (2022)。
3. Molla (2021).
4. McNeal (2021).
5. North (2020).
6. McNeal (2021).
7. McNeal (2020).
8. Gerbner & Gross (1976).
9. 電視產業的發展及規範的歷史和目前的辯論均十分豐富、多元和廣泛。以下是一些例子：Stay Tuned by Christopher Sterling and John Michael Kittross; Selling the Air by Thomas Streeter; The Television Will Be Revolutionized by Amanda Lotz; This Program Is Brought to You By . . . by Joshua Braun。
10. 有關於網路自我品牌的關聯感和特權的進一步分析，可參見 Kanai (2018)。

11. New York City Health Department.
12. Griffith (2020) 與 Lorenz (2020)。
13. Griffith (2020).
14. Carman (2020a).
15. @InfluencerPayGap (2021b).
16. Tashjian (2020).
17. Zanger (2019).
18. Addison (2019).
19. Pomponi (2020).
20. IZEA (2021).
21. Frier (2021).
22. Sobande (2021).
23. Parham (2020).
24. Peoples Wagner (2021).
25. McNeal (2020).
26. McNeal (2020).
27. Edelman (2018).
28. Im (2019).
29. WGSN (2021).
30. Droesch (2019).
31. Blum (2019).
32. Brooke (2019).
33. Horkheimer & Adorno (1944).
34. 可參見 Ross (2014)，書中提供的討論
甚有幫助。
35. Flora (2020).
36. Reilly (2020).
37. Breland (2020).
38. Chen (2019).
39. Chen (2019).
40. Bixby (2020).
41. Bixby (2020).

42. Culliford (2020).
43. Crump (2019).
44. Monllos (2020).
45. Glazer & Wells (2019).
46. Goodwin, Joseff & Woolley (2020).
47. Sherman (2020).
48. @InfluencerPayGap (2021a).
49. Waters (2020).
50. Waters (2020).
51. Jhaveri (2020).
52. Tietjen (2020a) 與 Tietjen (2020b)。
53. Carman, (2020b).
54. Farra (2020).
55. Wellman, Stoldt, Tully & Ekdale (2020) 與
Hund & McGuigan (2019)。
56. Carah & Angus (2018) 與 Stoldt,
Wellman, Ekdale & Tully (2019)。
57. Bishop (2021) 與 Duffy (2017)。
58. Duffy (2015) 與 Duffy (2017)。
59. Bishop (2019) 與 Petre, Duffy & Hund
(2019)。
60. Gritters (2019).
61. Petre, Duffy & Hund (2019).
62. Bishop (2019).
63. Duffy & Hund (2019).
64. Stoldt, Wellman, Ekdale & Tully (2019) 與
Hund & McGuigan (2019)。
65. Locke (2019).
66. Lorenz (2021).
67. Influencer Marketing Hub (2021).
68. Germain (2021).

第六章　真實的代價

1. 賓夕法尼亞大學（University of
Pennsylvania）的教授戴蒙・森托拉
（Damon Centola）認為白宮這次由網
紅主導的疫苗運動並沒有確實取得成
果（Centola, 2021）。
2. Hercher (2015).
3. Sherman (2019).

4. Hill (2019).
5. Zuboff (2021).
6. Massachi (2021).
7. Brenan (2021).
8. Creators (2021).
9. Turner (2019).
10. Scott (2019).

11. Ellis (2019).
12. Sandler (2020).
13. Cunningham & Craig (2021).
14. HYPR (2016) 與 Parisi (2019)。
15. Chan (2015).
16. Cordero (2016).
17. Kozslowska (2018).
18. Davis (2018).
19. Howland (2017).
20. Afful (2019).
21. 有關於公共利益價值對社群媒體監管的角色之全面分析和建議，可參見 Napoli (2019)。
22. 有關於民主化（讓人人皆可投入）和新聞業關係的文獻很多。最新的分析可參見 Pickard (2020)。
23. Odell (2019).
24. Andrejevic (2002).

25. 安德耶維克借鑑馬克思主義的學術傳統，認為商業媒體公司會將觀眾的注意力出售給廣告商，因而從觀眾那裡攫取價值。尤其可參見達拉斯．史麥斯（Dallas Smythe）在 1977 年提出的「觀眾商品」理論。
26. Mears (2011), 250.
27. 例 如：Banet-Weiser (2012)；Marwick (2013a, 2013b)；Gaden & Dumitricia (2015)；Duffy (2017)；與 Lingel (2017)。
28. Potter (2010), 13.
29. Lorenz (2019).
30. Scott (2019).
31. Duffy & Hund (2015)、Duffy (2017)、Hearn (2018) 等人的研究顯示：「任何人都可以做到」這個常見的觀念掩蓋了持續存在的社會不平等。

附錄

1. 初步探討可參見蘇菲．畢夏普（Sophie Bishop）、珍．伯吉斯（Jean Burgess）、斯圖爾特．坎寧安（Stuart Cunningham）、大衛．克雷格（David Craig）和佐伊．格拉特（Zoe Glatt）的著作。
2. 可參見 Abidin et al. (2020) 對 COVID-19 疫情期間大眾媒體對網紅的關注之跨文化比較。
3. Petersen & Anand (2004).
4. Havens, Lotz & Tinic (2009).
5. Petersen & Anand (2004), 311.
6. Havens et al. (2009).
7. Havens et al. (2009), 237.
8. Havens et al. (2009), 239.
9. Hesmondhalgh (2012).
10. Glaser & Strauss (1999).

參考書目

Abidin, C. "Visibility Labour: Engaging with Influencers' Fashion Brands and #OOTD Adver- torial Campaigns on Instagram." *Media International Australia* 161, no. 1 (November 2016): 86–100. https://doi.org/10.1177/1329878X16665177.

Abidin, C., Jin Lee, Barbetta, T., & Miao, W. S. "Influencers and COVID-19: Reviewing Key Issues in Press Coverage across Australia, China, Japan, and South Korea." *Media International Australia* 178, no. 1 (February 2021): 114–135. https://doi.org/10.1177/1329878X20959838.

Addison, L. "Influencer Marketing Has an Implicit Bias Problem." *Adweek*, October 28, 2019. https://www.adweek.com/brand-marketing/influencer-marketing-has-an-implicit-bias-problem/.

Afful, A. "Fashion Blogging Gave Us a Whole New Industry of Aspiration." *Bitch*, March 5, 2019. https://www.bitchmedia.org/article/from-information-superhighway-to-digital-runway/fashion-blogging-and-the-rise-of-a-new-tech-democracy.

Agrawal, A. J. "Why Influencer Marketing Will Explode in 2017." *Forbes*, December 27, 2016. https://www.forbes.com/sites/ajagrawal/2016/12/27/why-influencer-marketing-will-explode-in-2017/.

Ahmed, I. "Kim Kardashian Means Business." Business of Fashion, April 23, 2018. https://www.businessoffashion.com/articles/people/kim-kardashian-means-business.

Alteir, N. "Hipster Barbie's Maker Reveals Herself, Calls It Quits." *The Oregonian*, November 5, 2015. https://www.oregonlive.com/portland/2015/11/hipster_barbies_maker_reveals.html. Andrejevic, M. "The Work of Being Watched: Interactive Media and the Exploitation of Self- disclosure." *Critical Studies in Media Communication* 19, no. 2 (2002): 230–48. https://doi.org/10.1080/07393180216561.Ang, I. *Desperately Seeking the Audience*. London: Routledge, 1991.

Angulo, N. "FameBit, Shopify Deal Catapults Influencers into E-commerce." Marketing Dive, February 18, 2016. https://www.marketingdive.com/news/famebit-shopify-deal-catapults-influencers-into-e-commerce/414111/.

Arriagada, A. "Social Media Influencers and Digital Branding: Unpacking the 'Media Kit' as a Market Device." Paper presented at the 19th Annual Conference of the Association of Inter- net Researchers in Montreal, Canada, October 2018. https://www.academia.edu/37606446/Social_Media_

Influencers_and_Digital_Branding_Unpacking_the_Media_Kit_as_a_Market_Device.

Avins, J. "The Hottest Thing in Fashion: Instagrammable Moments." Quartz, March 13, 2015. https://qz.com/361288/how-fashion-manufactures-instagrammable-moments/. 191

Baggs, M. "Inside the World's Biggest Festival Flop." BBC, January 18, 2019. https://www.bbc.com/news/newsbeat-46904445.

Bakshy, E., Karrer, B., & Adamic, L. A. "Social Influence and the Diffusion of User-Created Content." Proceedings of the 10th ACM Conference on Electronic Commerce. https://doi.org/10.1145/1566374.1566421.Banet-Weiser, S. *AuthenticTM: The Politics of Ambivalence in a Brand Culture*. New York: NYU Press, 2012.

Banks, R. "Influencers Have Become Measurable Media Channels." eMarketer, December 15, 2015. https://www.emarketer.com/Interview/Influencers-Have-Become-Measurable-Media-Channels/6001851.

Barton, B. *The Man Nobody Knows: A Discovery of Jesus*. Chicago: Bobbs-Merrill, 1925.

Baym, N. K. "Data Not Seen: The Uses and Shortcomings of Social Media Metrics." *First Mon- day* 18, no. 10 (October 2013). https://doi.org/10.5210/fm.v18i10.4873.

——. *Playing to the Crowd: Musicians, Audiences, and the Intimate Work of Connection*. New York: NYU Press, 2018.

Baym, N. K., & boyd, danah. "Socially Mediated Publicness: An Introduction." *Journal of Broadcast- ing & Electronic Media* 56, no. 3 (2012): 320–29. https://doi.org/10.1080/08838151.2012.705200. Beck, M. "FTC Puts Social Media Marketers on Notice with Updated Disclosure Guidelines." Marketing Land, June 12, 2015. https://marketingland.com/ftc-puts-social-media-marketers-on-notice-with-updated-disclosure-guidelines-132017.

Bennett W.L., & Manheim, J.B. "The One-Step Flow of Communication." *The ANNALS of the American Academy of Political and Social Science* 608, no. 1 (2006): 213–32. https://doi.org/10.1177/0002716206292266.

Berger, J. *Contagious: Why Things Catch On*. New York: Simon & Schuster, 2013. Bernays, E. L. *Propaganda*. New York: Routledge, 1928.

——. *Public Relations*. Norman, OK: University of Oklahoma Press, 1945.

Bishop, K. "Young Job Hunters Seek Work through Twitter." *Financial Times*, June 21, 2009. https://www.ft.com/content/6ebbc882-5eab-11de-91ad-00144feabdc0.

Bishop, S. "Managing Visibility on YouTube through Algorithmic Gossip." *New*

Media & Society 21, no. 11–12 (Novemer 2019): 2589–2606. https://doi. org/10.1177/1461444819854731.

———. "Influencer Management Tools: Algorithmic Cultures, Brand Safety, and Bias." *Social Media + Society* 7, no. 1 (January 2021). https://doi. org/10.1177/20563051211003066.

Bixby, S. "Mike Bloomberg Is Paying Influencers to Make Him Seem Cool." Daily Beast, Febru- ary 7, 2020. https://www.thedailybeast.com/mike-bloomberg-is-paying-influencers-to-make-him-seem-cool-9.

Blankenhorn, D. "Bigger, Richer Ads Go Online." *Advertising Age* 72, no. 25: (June 2001). https://www.proquest.com/docview/208349299.

Bogost, I. "Brands Are Not Our Friends." *The Atlantic*, September 7, 2018. https://www.theatlantic.com/magazine/archive/2018/10/brands-on-social-media/568300/.

Boorstin, D. J. *The Image: A Guide to Pseudo-Events in America*. New York: Vintage Books, 1962. Braudy, L. *The Frenzy of Renown: Fame and Its History*. New York: Vintage Books, 1986.

Bray, S. "The Founders of LIKEtoKNOW.it on the Secret to Instagram Success." *Gotham Maga- zine*, October 15, 2018.

Breland, A. "Wellness Influencers Are Spreading QAnon Conspiracies about the Coronavirus." *Mother Jones*, April 15, 2020. https://www.motherjones.com/ politics/2020/04/wellness-qanon-coronavirus/.

Brenan, M. "Views of Big Tech Worsen: Public Wants More Regulation." Gallup, February 18, 2021. https://news.gallup.com/poll/329666/views -big-tech-worsen-public-wants-regulation.aspx.

Brooke, E. "Unilever Banned Influencers with Fake Followers. Is a Reckoning Next?" Racked, June 18, 2018. https://www.racked. com/2018/6/18/17475152/influencers-buy-followers-unilever.

———. "Why Influencers Are Pivoting to Anxiety." Refinery29, September 3, 2019. https:// www.refinery29.com/en-us/2019/09/240780/instagram-influencer-anxiety-mental-health-posts.

Brouwer, B. "Former Apple Exec Dave Dickman Joins Influencer Marketing Platform Reelio as President." Tube Filter, September 11, 2015. https://www. tubefilter.com/2015/09/11/dave-dickman-president-reelio/.

Bryant, K. "The Fyre Festival, Built on Instagram, Dies by Instagram." *Vanity Fair*, April 28, 2017. https://www.vanityfair.com/style/2017/04/fyre-festival-disaster-bahamas.

Burrough, B. " Fyre Festival: Anatomy of a Millennial Marketing Fiasco Waiting to Happen." *Vanity Fair*, June 29, 2017. https://www.vanityfair.com/ news/2017/06/fyre-festival-billy-mcfarland-millennial-marketing-fiasco.

Caminiti, S. "A Blogger's Social Media Idea Sparks a Retail Revolution, and $1 billion in Sales." CNBC, September 27, 2017. https://www.cnbc. com/2017/09/27/rewardstyle-liketoknow-it-sparks-1-billion-in-retail-sales. html.

Cantril, H. *The Invasion from Mars*. Princeton, NJ: Princeton University Press, 1940.

Carah, N. and Angus, D. "Algorithmic Brand Culture: Participatory Labour, Machine Learning and Branding on Social Media." *Media, Culture & Society* 40, no. 2 (March 2018): 178–94. https://doi.org/10.1177/0163443718754648.

Carlson, K. "How to Gain More Instagram Advertising ROI." Business 2 Community, Septem- ber 16, 2015. https://www.business2community.com/ instagram/how-to -gain-more-instagram-advertising-roi-01324579.

Carlson, M. "Blogs and Journalistic Authority." *Journalism Studies* 8, no. 2 (2007): 264–79. https://doi.org/10.1080/14616700601148861.

Carman, A. "Black Influencers Are Underpaid, and a New Instagram Account Is Proving It." The Verge, July 14, 2020. https://www.theverge.com/21324116/ instagram-influencer-pay-gap-account-expose.

——. "Influencers' Next Frontier: Their Own Live Shopping Channels." The Verge, Octo- ber 22, 2020. https://www.theverge.com/2020/10/22/21526535/live-shopping-instagram-facebook-amazon-influencers.

Centola, D. "TikTok Stars Shouldn't Hawk Vaccines." *The Philadelphia Inquirer*, August 13, 2021. https://www.inquirer.com/opinion/commentary/vaccine-hesitancy-white-house-tiktok-joe-biden-20210813.html.

Chan, S. "Alber Elbaz Is Leaving Lanvin." *Hollywood Reporter*, October 28, 2015. https://www.hollywoodreporter.com/news/alber-elbaz-is-leaving-lanvin-835070.

Chen, T. "Influencers and Bloggers Are Being Offered Money to Post Sponcon in Support of Cory Booker." Buzzfeed News, November 26, 2019. https:// www.buzzfeednews.com/article/tanyachen/cory-booker-paid-social-media-influencer-campaign?origin=web-hf.

Chen, Y. "'Dashboards Are Not Real Technologies': Influencer Marketing Technology Is a Hot Mess." Digiday, August 19, 2016. https://digiday. com/marketing/dashboards-not-real-technologies-influencer-marketing-technology-hot-mess/.

Cialdini, R. B. *Influence: Science and Practice*. Boston: Pearson, 2001.

Cillizza, C. "Millennials Don't Trust Anyone. That's a Big Deal." *Washington Post*, April 30, 2015. https://www.washingtonpost.com/news/the-fix/ wp/2015/04/30/millennials-dont-trust-anyone-what-else-is-new/.

Clark, D. "Why You Should Pay Attention to Influencer Marketing." *Forbes*, October 15, 2014. https://www.forbes.com/sites/dorieclark/2014/10/15/why-you-should-pay-attention-to-influencer-marketing/.

Confessore, N., Dance, G. J. X., Harris, R., & Hansen, M. "The Follower Factory." *New York Times*, January 27, 2018. https://www.nytimes.com/interactive/2018/01/27/technology/social-media-bots.html.

Contestabile, G. "Influencer Marketing in 2018: Becoming an Efficient Marketplace." *Adweek*, January 15, 2018. https://www.adweek .com/digital/giordano-contestabile-activate-by-bloglovin-guest-post-influencer-marketing-in-2018/.

Corcoran, C. T. "The Blogs That Took Over the Tents." *Women's Wear Daily*, February 6, 2006. https://wwd.com/fashion-news/fashion-features/the-blogs-that-took-over-the-tents-547153/.

Cordero, R. "Li Edelkoort: 'Fashion is Old Fashioned.'" Business of Fashion, December 5, 2016. https://www.businessoffashion.com/articles/voices/li-edelkoort-anti-fashion-manifesto-fashion-is-old-fashioned.

Coscarelli, A. "The 41 Most Instagrammed It Items of 2015." Refinery29, December 19, 2015. https://www.refinery29.com/en-us/most-popular-instagram-items-2015.

Creators (@Creators). "What does it take to grow on Instagram in 2021?" Instagram Reel, Au- gust 18, 2021. https://www.instagram.com/reel/CSuN32YAcmo/.

Creel, G. *How We Advertised America: The First Telling of the Amazing Story of the Committee on Public Information That Carried the Gospel of Americanism to Every Corner of the Globe*. New York: Macmillan, 1920

Crump, H. "The New Rules of Influencer Marketing." Business of Fashion, May 29, 2019. https://www.businessoffashion.com/articles/news-analysis/the-new-rules-of-influencer-marketing.

Cunningham, S., & Craig, D. *Social Media Entertainment: The New Intersection of Hollywood and Silicon Valley*. New York: NYU Press, 2021.

Currid-Halkett, E. *Starstruck: The Business of Celebrity*. New York: Farrar, Straus and Giroux, 2010.

Damico, D. "Social Media and the Democratization of Influence." Adspire, July 29, 2017. http:// adspiresocial.com/social-media-democratization-influence/.

Daniels, C. "FTC Takes Aim at Pay for Play." *PRWeek*, September 2, 2016. https://www.prweek.com/article/1407712?utm_source=website&utm_medium=social.

Davis, A. P. " Fashion Nova Is Tailor-Made for Instagram." The Cut, August 2, 2018. https://www.thecut.com/2018/08/fashion-nova-is-tailor-made-for-instagram.html.

DePillis, L. "Ten years after the recession began, have Americans recovered?" CNN Money, December 1, 2017. https://money.cnn.com/2017/12/01/news/economy/recession-anniversary/index.html.

Dewey, C. "I think I Solved Instagram's Biggest Mystery, but You'll Have to Figure It Out for Yourself." *Washington Post*, September 22, 2016. https://www.washingtonpost.com/news/the-intersect/wp/2016/09/22/i-think-i-solved-instagrams-biggest-mystery-but-youll-have-to-figure-it-out-for-yourself/.

Douglas, S. J. "Personal Influence and the Bracketing of Women's History." *The ANNALS of the American Academy of Political and Social Science* 608, no. 1 (November 2006): 41–50. https:// doi.org/10.1177/0002716206292458.

Droesch, B. "What Does Your Brain on Influencer Marketing Look Like?" eMarketer, Au- gust 26, 2019. https://www.emarketer.com /content/your-brain -on -influencers-neuroscience-study-explains-the-effects-of-influencer-marketing.

Drolet, D. "Marketers to Boost Influencer Budgets in 2017." eMarketer, December 13, 2016. https://www.emarketer.com/Article/Marketers-Boost-Influencer-Budgets-2017/1014845. Duffy, B. E. "Manufacturing Authenticity: The Rhetoric of 'Real' in Women's Magazines." *The Communication Review* 16, no. 3 (2013): 132–154. https://doi.org/10.1080/10714421.2013.807110.

——. *(Not) Getting Paid to Do What You Love: Gender, Social Media, and Aspirational Work*. New Haven: Yale University Press, 2017.

Duffy, B. E., & Hund, E. "'Having it All' on Social Media: Entrepreneurial Femininity and Self- Branding Among Fashion Bloggers." *Social Media + Society* 1, no. 2 (2015): https://doi.org/10.1177/2056305115604337.

——. "The Invisible Labor of Fashion Blogging." *The Atlantic*, September 25, 2015. https:// www.theatlantic.com/entertainment/archive/2015/09/fashion-blogging-labor-myths/405817/.

——. "Gendered Visibility on Social Media: Navigating Instagram's Authenticity Bind." *In- ternational Journal of Communication* 13 (2019): 4983–5002.

Duffy, B. E., K. Miltner, and A. Wahlstedt. "Policing 'Fake' Femininity: Anger and Accusation in Influencer 'Hateblog' Communities." *AoIR Selected Papers of Internet Research* 2020 (Oc- tober 2020). https://doi.org/10.5210/spir.v2020i0.11204.

Duffy, B. E., & Pooley, J. "Idols of Promotion: The Triumph of Self-Branding in an Age of Precar- ity." *Journal of Communication* 69, no. 1 (February 2019): 26–48, https://doi.org/10.1093/joc/jqy063.

Duffy, B. E., & Wissinger, E. "Mythologies of Creative Work in the Social Media Age: Fun, Free, and 'Just Being Me.'" *International Journal of Communication* 11 (2017): 20.

Edelman. "Two-Thirds of Consumers Worldwide Now Buy on Beliefs." October 2, 2018. https:// www.edelman.com/news-awards/two-thirds-consumers-worldwide-now-buy-beliefs. eMarketer. "Facebook, Instagram Are Influencers' Favorite Social Platforms." August 16, 2016. https://www.emarketer.com/ Article/Facebook-Instagram-Influencers-Favorite-Social-Platforms/1014349.

Enli, G. *Mediated Authenticity: How the Media Constructs Reality*. New York: Peter Lang, 2014. Epstein, A. "For 10 Glorious Minutes, Social Media Influencers Were Mocked at Their Own Awards Show." Quartz, April 17, 2018. https://qz.com/quartzy/1254504/the-2018-shorty-awards-were-hilariously-roasted-by-actor-adam-pally/.

Evans, B. "Why Influencer Marketing Isn't about the 'Influencers.'" *Ad Age*, March 6, 2012. https://adage.com/article/digitalnext/influencer-marketing-influencers/233125.

Ewen, S. *Captains of Consciousness Advertising and the Social Roots of Consumer Culture*. New York: Basic Book, 1976.

Facebook. "Branded Content Policies" from August 20, 2018. Accessed May 29, 2019. https:// www.facebook.com/policies/brandedcontent/.

Fair, L. "Three FTC Actions of Interest to Influencers." Federal Trade Commission, Septem- ber 7, 2017. https://www.ftc.gov/news-events/blogs/business-blog/2017/09/three-ftc-actions-interest-influencers.

Farra, E. "Influencers Are the Retailers of the 2020s." *Vogue*, October 19, 2020. https://www.vogue.com/article/will-influencers-replace-retailers-2020s.

Federal Trade Commission. "Disclosures 101 for Social Media Influencers." November 2019. https:// www.ftc.gov/system/files/documents/plain-language/1001a-influencer-guide-508_1.pdf.

———. "Lord & Taylor Settles FTC Charges It Deceived Consumers through Paid Article in an Online Fashion Magazine and Paid Instagram Posts by 50 'Fashion Influencers.'" March 15, 2016. https://www.ftc.gov/news-events/press-releases/2016/03/lord-taylor-settles-ftc-charges-it-deceived-consumers-through.

Flanagan, A. "Fyre Festival Co-Founder Billy McFarland Sentenced to 6 Years in Prison." NPR, October 11, 2018. https://www.npr.org/2018/10/11/656480640/fyre-festival-co-founder-billy-mcfarland-sentenced-in-manhattan.

Flora, L. "'I Love You, My Beautiful QAnon!' When Lifestyle Influencers Also Peddle Con- spiracy Theories." Glossy, June 24, 2020. https://www.glossy.co/beauty/i-love-you-my-beautiful-qanon-when-lifestyle-influencers-also-peddle-conspiracy-theories.

Florendo, E. "The Blonde Salad Has a Harvard Moment." Bustle, February 12, 2015. https://www.bustle.com/articles/64112-blogger-the-blonde-salad-takes-over-harvards-business-school-by-storm-what-like-its-hard.

Frier, S. *No Filter: The Inside Story of Instagram.* New York: Simon & Schuster, 2020. Furst, J., & Nason, J. W., dirs. *Fyre Fraud*. United States: Hulu. 2019.

Fyre Festival. "Announcing Fyre Festival." Posted on January 12, 2017. YouTube video. https:// www.youtube.com/watch?v=mz5kY3RsmKo.

Gaca, A. "Fyre Festival: A Timeline of Disaster." *Spin*, May 3, 2017. https://www.spin.com/2017/05/fyre-festival-disaster-timeline/.

Gaden, G., & Dumitrica, D. "The 'Real Deal': Strategic Authenticity, Politics and Social Media." *First Monday* 20, no. 1 (January 2015). https://doi.org/10.5210/fm.v20i1.4985.

Gahan, B. "Micro-Influencers and the Blind Spot in Your Influencer Marketing." *Adweek*, April 7, 2017. https://www.adweek.com/digital/brendan-gahan-epic-signal-guest-post-micro-influencers/.

Gard, L. "The Business Of Blogging." *Bloomberg BusinessWeek*, December 13, 2004. https://www.bloomberg.com/news/articles/2004-12-12/the-business-of-blogging.

Geller, M. "Unilever Takes Stand against Digital Media's Fake Followers." Reuters, June 18, 2018. https://www.reuters.com/article/us-unilever-media-idUSKBN1JD10M.

Gerbner, G., & Gross, L. "Living with Television: The Violence Profile." *Journal of Communica- tion* 26, no. 2 (June 1976): 172–99.

Germain, J. "Influencers Are Unionizing with SAG-AFTRA to Gain Protection, Community at Work." *Teen Vogue*, March 16, 2021. https://www.teenvogue.com/story/influencers-union-sag-aftra.

Gesenhues, A. "Why So Sad? Curalate Study Finds Instagram Images with Blue Hues Win More Likes." Marketing Land, November 8, 2013. https://marketingland.com/why-so-sad-curalate-study-finds-blue-hues-get-more-likes-on-instragram-64622.

Gevinson, T. "Who Would Tavi Gevinson Be without Instagram? An Investigation." *New York*, September 2019. https://www.thecut.com/2019/09/who-would-tavi-gevinson-be-without-instagram.html.

Gibbs, M., Meese, J., Arnold, M., Nansen, B., & Carter, M. "#Funeral and Instagram: Death, Social media, and Platform Vernacular. *Information, Communication & Society* 18, no. 3 (2015): 255–268. https://doi.org/10.1080 /1369118X.2014.987152.

Gill, R. "Life Is a Pitch: Managing the Self in New Media Work." In *Managing Media Work*, edited by Mark Deuze, 249–62. Thousand Oaks, CA: SAGE, 2011.

Gill, R., & Pratt, A. "In the Social Factory?: Immaterial Labour, Precariousness and Cultural Work." *Theory, Culture & Society* 25, no. 7–8 (December 2008): 1–30. https://doi.org/10.1177/0263276408097794.

Gillespie, T. "The Politics of 'Platforms.'" *New Media & Society* 12, no. 3 (May 2010): 347–364. https://doi.org/10.1177/1461444809342738.

Gitlin, T. "Media Sociology." *Theory and Society* 6, no. 2 (1978): 205–253. https:// doi.org/10.1007/BF01681751.

Gladwell, M. *The Tipping Point: How Little Things Make a Big Difference.* New York: Little, Brown, 2000.

Glaser, B., & Strauss, A. *The Discovery of Grounded Theory: Strategies for Qualitative Research.* Mill Valley, CA: Sociology Press, 1967.

Glazer, E., & Wells, G. "Political Campaigns Turn to Social Media Influencers to Reach Voters." *Wall Street Journal*, September 23, 2019. https://www.wsj. com/articles/political-campaigns-turn-to-social-media-influencers-to-reach-voters-11569251450.

Goldberg, J. "How Brands Can Have Better Relationships with Influencers." *Forbes*, Septem- ber 11, 2017. https://www.forbes.com/sites/ forbesagencycouncil/2017/09/11/how-brands-can-have-better-relationships-with-influencers/.

Goldhaber, M. H. "The Attention Economy and the Net." *First Monday* 2, no. 4 (1997a). https:// doi.org/10.5210/fm.v2i4.519.

——. "Attention Shoppers!" *Wired*, December 1, 1997b. https://www.wired. com/1997/12/es-attention/.

Goodwin, A.M., Joseff, K., & Woolley, S. C. "Social Media Influencers and the 2020 U.S. Elec- tion: Paying 'Regular People' for Digital Campaign Communication." Center for Media Engagement, October 2020. https://mediaengagement.org / research/social-media-influencers-and-the-2020-election.

Goodwin, T. "If You're an 'Influencer,' You're Probably Not Influential." *GQ*, November 20, 2017. https://www.gq-magazine.co.uk/article/influencer-marketing.

Granovetter, M. S. "The Strength of Weak Ties." *American Journal of Sociology* 78, no. 6 (1973): 1360–1380.

Griffith, J. "Influencer Arielle Charnas Faces Renewed Backlash for Retreating to Hamptons after COVID-19 Diagnosis." NBC News, April 3, 2020. https://www.nbcnews.com/news/us-news/influencer-arielle-charnas-faces-renewed-backlash-retreating-hamptons-after-covid-n1176066. Griner, D. "Lord & Taylor Got 50 Instagrammers to Wear the Same Dress, Which Promptly Sold Out." *Adweek*, March 31, 2015. https://www.adweek.com/brand-marketing/lord-taylor-got-50-instagrammers-wear-same-dress-which-promptly-sold-out-163791/.

Harrington, C. "VCs Are Hungry for Fast-Casual 'Food Platforms.'" *Wired*, February 18, 2019. https://www.wired.com/story/vcs-hungry-for-fast-casual-food-platforms/.

Harrington, M. "Survey: People's Trust Has Declined in Business, Media, Government, and NGOs." *Harvard Business Review*, January 16, 2017. https://hbr.org/2017/01/survey-peoples-trust-has-declined-in-business-media-government-and-ngos.

Havens, T., Lotz, A. D., & Tinic, S. "Critical Media Industry Studies: A Research Approach." *Communication, Culture & Critique* 2, no. 2 (2009): 234–253. https://doi.org/10.1111/j.1753-9137.2009.01037.x.

Hearn, A. "'Meat, Mask, Burden': Probing the Contours of the Branded 'Self.'" *Journal of Con- sumer Culture* 8, no. 2 (2008): 197–217. https://doi.org/10.1177/1469540508090086.

——. "Structuring Feeling: Web 2.0, Online Ranking and Rating, and the Digital 'Reputation' Economy." *Ephemera* 10, no. 3/4 (2010): 421–38.

Hennessy, B. "Why Women Dominate Influencer Marketing—and Why It May Be the Right Career for You." *Entrepreneur*, August 2, 2018. https://www.entrepreneur.com/article/317450. Hercher, H. "Influencer Marketing Is Not Flying Under the Radar Any Longer. *AdExchanger*, September 28, 2015. https://adexchanger.com/online-advertising/influencer-marketing-is-not-flying-under-the-radar-any-longer/.

Hesmondhalgh, D. *The Cultural Industries*. 3rd ed. London: SAGE, 2012.

Holland, K. "Working Moms Still Take on Bulk of Household Chores." CNBC, April 28, 2015. https://www.cnbc.com/2015/04/28/me-is-like-leave-it-to-beaver.html.

Hook, L. "Year in a Word: Gig Economy." *The Financial Times*, December 29, 2015. https://www.ft.com/content/b5a2b122-a41b-11e5-8218-6b8ff73aae15.

Horkheimer, M., & Adorno, T. "The Culture Industry: Enlightenment as Mass Deception." In *Cultural Theory: An Anthology*, edited by Imre Szeman and Timothy Kaposky. New York: Wiley, 1944.

Hovland, C. I., Janis, I. L., & Kelley, H. H. *Communication and Persuasion:*

參考書目 241

Psychological Studies of Opinion Change. New Haven: Yale University Press, 1953.

Howland, D. "Report: 'Ultra-Fast' Fashion Players Gain on Zara, H&M." Retail Dive, May 22, 2017. https://www.retaildive.com/news/report-ultra-fast-fashion-players-gain-on-zara-hm/443250/.

Hubbard, L. "How Social Media Is Impacting Cosmetic Surgery Culture and Disordered Eat- ing." Fashionista, November 15, 2016. https://fashionista.com/2016/11/negative-effects-of-social-media-culture.

Hund, E., & McGuigan, L. "A Shoppable Life: Performance, Selfhood, and Influence in the Social Media Storefront." *Communication, Culture and Critique* 12, no. 1 (2019): 18–35. https://doi.org/10.1093/ccc/tcz004.

Hunt, E. "Essena O'Neill Quits Instagram Claiming Social Media 'Is Not Real Life.'" *Guardian*, November 3, 2015. https://www.theguardian.com/media/2015/nov/03/instagram-star-essena-oneill-quits-2d-life-to-reveal-true-story-behind-images.

Hyland, V. "Fashion Is Moving Too Fast, and It's Killing Creativity." The Cut, October 26, 2015. https://www.thecut.com/2015/10/fashions-moving-too-fast-thats-a-bad-thing.html.

HYPR. "The Role of Influencer Marketing in Key Industries: A Look at the Fashion Industry." October 25, 2016. https://hyprbrands.com/blog/role-influencer-marketing-key-industries-look-fashion-industry/.

Im, K. "Infographic: How Much Influencers Like to Take a Stand." *Adweek*, November 17, 2019. https://www.adweek.com/performance-marketing/infographic-influencers-like-to-take-a-stand/.

InfluencerDB. *How Big Is Influencer Marketing in 2018? State of the Industry Report*. 2018. https:// cdn2.hubspot.net/hubfs/4030790/MARKETING/Resources/Education/Infographic/InfluencerDB-State-of-the-Industry-2018.pdf.

Influencer Marketing Hub. *Influencer Marketing Benchmark Report*. 2021. https://influencer marketinghub.com/ebooks/influencer_marketing_benchmark_report_2021.pdf.

InfluencerPayGap (@InfluencerPayGap). "Love your page! Anon please . . ." Instagram photo- graph, March 26, 2021a. https://www.instagram.com/p/CM5EZ76hD_k/.

———. "ANON please. I'm in influencer marketing . . ." March 26, 2021b, Instagram photo- graph. https://www.instagram.com/p/CM5EouWhNgy/.

Instagram for Business. Accessed May 29, 2019, from Instagram for Business website: https:// business.instagram.com/a/brandedcontentexpansion.

IZEA. *State of Influencer Equality Report*. 2021. https://izea.com/influencer-marketing-statistics/2021-state-of-influencer-equality/.

Jhaveri, D. P. "TikTok Is Full of Sephora and Chipotle Employees Spilling Secrets. That Can Get Complicated." Vox, January 20, 2020. https://www.vox .com/the-goods/2020/1/20/21059143/tiktok-sephora-chipotle-panera-starbucks.

Jensen, K. B. "Three Step Flow." *Journalism* 10, no. 3 (2009): 335–37.

Johnson, M. "5 Ways to Get More Than Influence from Social Influencers." MediaPost, Septem- ber 8, 2015. https://www.mediapost.com/publications/article/257787/5-ways-to-get-more-than-influence-from-social-infl.html.

Jones, D. "Why We Follow Lil Miquela, the Instagram Model with 900K Followers & No Soul." Refinery29, April 10, 2018. https://www.refinery29.com/en-us/miquela-sousa-fake-instagram. Kanai, A. *Gender and Relatability in Digital Culture: Managing Affect, Intimacy, and Value*. Basingstoke, UK: Palgrave Macmillan, 2018.

Karp, H. "At Up to $250,000 a Ticket, Island Music Festival Woos Wealthy to Stay Afloat." *Wall Street Journal*, April 2, 2017. https://www.wsj.com/articles/fyre-festival-organizers-push-to-keep-it-from-fizzling-1491130804.

Katz, E. "The Two-Step Flow of Communication: An Up-to-Date Report on an Hypothesis." *Public Opinion Quarterly* 21 (1957): 61–78. https://doi.org/10.1086/266687.

Katz, E., & Lazarsfeld, P. F. *Personal Influence: The Part Played by People in the Flow of Mass Com- munications*. Glencoe, IL: Free Press, 1955.

Keller, E. "Unleashing the Power of Word of Mouth: Creating Brand Advocacy to Drive Growth." *Journal of Advertising Research* 47, no. 4 (2007): 448–52. https://doi.org/10.2501/S0021849907070468.

Keller, E., & Berry, J. *The Influentials: One American in Ten Tells the Other Nine How to Vote, Where to Eat, and What to Buy*. New York: Free Press, 2003.

Kozlowska, H. "Shoppers Are Buying Clothes Just for the Instagram Pic, and Then Returning Them." Quartz, August 13, 2018. https://qz.com/quartzy/1354651/shoppers-are-buying-clothes-just-for-the-instagram-pic-and-then-return-them/.

Kuehn, K., & Corrigan, T. F. "Hope Labor: The Role of Employment Prospects in Online Social Production." *The Political Economy of Communication* 1, no.1 (2013). http://www.polecom.org/index.php/polecom/article/view/9.

Kurutz, S. "Fashion Bloggers Get Agents." *New York Times*, September 28, 2011. https://www.nytimes.com/2011/09/29/fashion/fashion-bloggers-get-agents.html.

Lam, B. "Generation Sell Out." Refinery29, August 3, 2018. https://www.refinery29.com/en-us/2018/08/205859/selling-out-millennials-why.

Lasswell, H. D. "The Theory of Political Propaganda." *American Political Science Review* 21, no. 3 (1927): 627–31. https://doi.org/10.2307/1945515.

Lazarsfeld, P. F., Berelson, B., & Gaudet, H. *The People's Choice: How the Voter Makes Up His Mind in a Presidential Campaign*. New York: Columbia University Press, 1948.

Lazzarato, M. "Immaterial Labour." In *Radical Thought in Italy: A Potential Politics*, edited by Paolo Virno and Michael Hardt, 133–47. Minneapolis: University of Minnesota Press, 1996. Leiber, C. "The Dirty Business of Buying Instagram Followers." Racked, September 11, 2014. https://www.vox.com/2014/9/11/7577585/buy-instagram-followers-bloggers.

Levine, B. "TapInfluence Launches a Fully Automated Platform That Could Turn Influencer Marketing into Mass Media." VentureBeat, September 18, 2015. https://venturebeat.com/2015/09/18/tapinfluence-launches-a-fully-automated-platform-that-could-turn-influencer-marketing-into-mass-media/.

Lewis, T. *Smart Living: Lifestyle Media and Popular Expertise*. New York: Peter Lang, 2008. Lieber, C. "Why Laxative Teas Took Over Instagram." Vox, April 27, 2016. https://www.vox.com/2016/4/27/11502276/teatox-instagram.

Lingel, J. *Digital Countercultures and the Struggle for Community*. Cambridge, MA: MIT Press, 2017.

Lo, D. "Hollywood Agency CAA Is Signing Fashion Folks Left and Right." Racked, Septem- ber 19, 2011. https://www.racked.com/2011/9/19/7750593/hollywood-agency-caa-is-signing-fashion-folks-left-and-right.

Locke, T. "86% of Young People Say They Want to Post Social Media Content for Money." CNBC, November 8, 2019. https://www.cnbc.com/2019/11/08/study-young-people-want-to-be-paid-influencers.html.

Lorenz, T. "Don't Call Adam Pally a Hero: It's 2018 and Not Cool to Hate on Creators." Daily Beast, April 17, 2018. https://www.thedailybeast.com/dont-call-adam-pally-a-hero-its-2018-and-not-cool-to-hate-on-creators.

——. "The Instagram Aesthetic Is Over." *The Atlantic*, April 23, 2019. https://www.theatlantic.com/technology/archive/2019/04/influencers-are-abandoning-instagram-look/587803/.

——. "Flight of the Influencers." *New York Times*, April 2, 2020. https://www.nytimes.com/2020/04/02/style/influencers-leave-new-york-coronavirus.html.

——. "For Creators, Everything Is for Sale." *New York Times*, March 10, 2021. https://www.nytimes.com/2021/03/10/style/creators-selling-selves.html.

Lowenthal, L. "Biographies in Popular Magazines." In *Radio Research, 1942–43*, edited by Paul Lazarsfeld and Frank Stanton, 507–48. New York: Duell, Sloan, and Pearce, 1944.

——. *Literature and Mass Culture: Communication in Society*. Vol. 1. United Kingdom: Taylor & Francis, 2017.

Lowrey, A. "The Great Recession Is Still With Us." *The Atlantic*, December 1, 2017. https://www.theatlantic.com/business/archive/2017/12/great-recession-still-with-us/547268/.

LTK. "A Brand Built on Creator Innovation." LTK Corporate Website. https://company.shopltk.com/en/company. Accessed May 17, 2022.

Lush, T. "Poll: Americans Are the Unhappiest They've Been in 50 Years." AP News, June 16, 2020. https://apnews.com/article/virus-outbreak-health-us-news-ap-top-news-racial-injustice-0f6b9be04fa0d3194401821a72665a50.

Luvaas, B. "Indonesian Fashion Blogs: On the Promotional Subject of Personal Style." *Fashion Theory* 17, no. 1 (2013): 55–76. https://doi.org/10.2752/1751 74113X13502904240749.

——. *Street Style: An Ethnography of Fashion Blogging*. New York: Bloomsbury Academic, 2016. Maheshwari, S. "A Penthouse Made for Instagram." *New York Times*, September 30, 2018. https:// www.nytimes.com/2018/09/30/business/media/instagram-influencers-penthouse.html.

——. "Are You Ready for the Nanoinfluencers?" *New York Times*, November 12, 2018. https:// www.nytimes.com/2018/11/11/business/media/nanoinfluencers-instagram-influencers.html.

——. "Online and Making Thousands, at Age 4: Meet the Kidfluencers." *New York Times*, March 6, 2019. https://www.nytimes.com/2019/03/01/business/media/social-media-influencers-kids.html.

Maio, G. R., & Haddock, G. *The Psychology of Attitudes and Attitude Change*, 1st ed. London: SAGE Publications Ltd., 2010.

Mari, F. "The Click Clique." *Texas Monthly*, August 12, 2014. https://www.texasmonthly.com/articles/the-click-clique/.

Marine, B. "Kendall Jenner and Fyre Festival's Other Influencers Are Getting Subpoenaed." *W*, January 28, 2019. https://www.wmagazine.com/story/fyre-festival-bankruptcy-case-influencers-kendall-jenner-subpoena.

Martineau, P. "Inside the Pricey War to Influence Your Instagram Feed." *Wired*, November 18, 2018. https://www.wired.com/story/pricey-war-influence-your-instagram-feed/.

Marwick, A. E. *Status Update: Celebrity, Publicity, and Branding in the Social Media Age*. New Haven: Yale University Press, 2013a.

——. "'They're Really Profound Women, They're Entrepreneurs': Conceptions of Authentic- ity in Fashion Blogging." Paper presented at the Proceedings of the International Conference on Weblogs and Social Media. 2013b.

———. "Instafame: Luxury Selfies in the Attention Economy." *Public Culture* (2015). https:// scinapse.io/papers/1984733378.

Marwick, A. E., & boyd, danah. "I Tweet Honestly, I Tweet Passionately: Twitter Users, Context Collapse, and the Imagined Audience." *New Media & Society* 13, no. 1 (2011): 114–33. https:// doi.org/10.1177/1461444810365313.

Massachi, S. "How to Save Our Social Media by Treating It Like a City." *MIT Technology Review*, December 20, 2021. https://www.technologyreview.com/2021/12/20/1042709/how-to-save-social-media-treat-it-like-a-city/.

Maris, E. "Hacking *Xena*: Technological Innovation and Queer Influence in the Production of Mainstream Television." *Critical Studies in Media Communication* 33, no.1 (2016): 123–37. https://doi.org/10.1080/15295036.2015.1129063.

Marx, K. *Economic and Philosophic Manuscripts of 1844*. Courier Corporation, 2012.

Mau, D. "Are Influencer Brands the Key to Bringing Millennials to Department Stores?" Fash- ionista, July 20, 2018. https://fashionista.com/2018/07/department-stores-instagram-influencers-brands-marketing.

McCall, T. "What's Next for Influencers in 2017." Fashionista, December 22, 2016. https:// fashionista.com/2016/12/influencer-trends-2017.

McGuigan, L. "Selling Jennifer Aniston's Sweater: The Persistence of Shoppability in Framing Television's Future." *Media Industries Journal* 5, no. 1 (2018). http://dx.doi.org/10.3998/mij.15031809.0005.101.

McGuigan, L., & Manzerolle, V. "'All the World's a Shopping Cart': Theorizing the Political Economy of Ubiquitous Media and Markets." *New Media & Society* 17, no. 11 (2014a): 1830– 1848. https://doi.org/10.1177/1461444814535191.

McGuigan, L., & Manzerolle, V., eds. *The Audience Commodity in a Digital Age: Revisiting a Critical Theory of Commercial Media*. New York: Peter Lang, 2014b.

McNeal, S. "Influencers Say Their Increase in Followers Since Blackout Tuesday Has Been Bit- tersweet." Buzzfeed News, July 9, 2020. https://www.buzzfeednews .com/article/stephaniemcneal/black-influencers-demand-change-black-lives-matter.

———. "Gen Z Moms Are Building Their Brands around QAnon." Buzzfeed News, January 22, 2021. https://www.buzzfeednews.com/article/stephaniemcneal/qanon-influencers-little-miss-patriot.

McRae, S. "'Get Off My Internets': How Anti-Fans Deconstruct Lifestyle Bloggers' Authenticity Work." *Persona Studies* 3, no. 1 (2017): 13–27. https://doi.org/10.21153/ps2017vol3no1art640.

Mears, A. *Pricing Beauty*. Oakland, CA: University of California Press, 2009.

Mediakix. "Instagram Influencer Marketing Is Now a $1.7 Billion Industry." March 29, 2017. http://mediakix.com/2017/03/instagram-influencer-marketing-industry-size-how-big/.

Memmott, M. "75 Years Ago, 'War of the Worlds' Started a Panic. Or Did It?" NPR, October 30, 2013. https://www.npr.org/sections/thetwo-way/2013/10/30/241797346/75-years-ago-war-of-the-worlds-started-a-panic-or-did-it.

Molla, R. "Posting Less, Posting More, and Tired of It All: How the Pandemic Has Changed Social Media." Vox, March 1, 2021. https://www.vox.com/recode/22295131/social-media-use-pandemic-covid-19-instagram-tiktok.

Morrison, K. "Report: 75% of Marketers Are Using Influencer Marketing." *Adweek*, October 13, 2015. https://www.adweek .com/digital/report-75-of-marketers-are-using-influencer-marketing/.

Moss, S. "How Your Business Can Benefit from Micro-Influencer Marketing." *Entrepreneur*, May 5, 2017. https://www.entrepreneur.com/article/293824.

Napoli, P. M. *Audience Evolution: New Technologies and the Transformation of Media Audiences*. New York: Columbia University Press, 2011.

——. *Social Media and the Public Interest: Media Regulation in the Disinformation Age*. New York: Columbia University Press, 2019.

Nathanson, J. "Klout Is Basically Dead, but It Finally Matters." Slate, May 1, 2014. https://slate.com/business/2014/05/klout-is-basically-dead-but-it-finally-matters.html.

Neff, G. *Venture Labor: Work and the Burden of Risk in Innovative Industries*. Cambridge, MA: MIT Press, 2012.

New York City Health Department. "COVID-19: Data." Accessed April 22, 2022. https://www1.nyc.gov/site/doh/covid/covid-19-data-trends.page.

Nichols, M. "Bloggers Carry Growing Fashion Industry Influence." Reuters, September 15, 2010. https://www.reuters.com/article/us-newyork-fashion-internet-idUSTRE68E2 II20100915.

Nielsen. "Buzz in the Blogosphere: Millions More Bloggers and Blog Readers." March 9, 2012. http://www.nielsen.com/us/en/insights/news/2012/buzz-in-the-blogosphere-millions-more-bloggers-and-blog-readers.

Noor, P. "Brands Are Cashing in on Social Media Envy, and Using Influencers to Sell It." *Guard- ian*, November 5, 2018. https://www.theguardian.com/commentisfree/2018/nov/05/brands-cashing-in-social-media-envy-influencers.

North, A. "How #SaveTheChildren Is Pulling American Moms into QAnon." Vox,

September 18, 2020. https://www.vox.com/21436671/save-our-children-hashtag-qanon-pizzagate.

Odell, J. *How to Do Nothing: Resisting the Attention Economy*. New York: Melville House, 2019.

Ohlheiser, A. "The Complete Disaster of Fyre Festival Played Out on Social Media for All to See; 'NOT MY FAULT' Says Organizer Ja Rule." *Washington Post*, April 28, 2017. https:// www.washingtonpost.com/news/the-intersect/ wp/2017/04/28/the-complete-and-utter-disaster-that-was-fyre-festival-played-out-on-social-media-for-all-to-see/.

O'Meara, V. "Weapons of the Chic: Instagram Influencer Engagement Pods as Practices of Re- sistance to Instagram Platform Labor." *Social Media + Society* 5, no. 4 (October 2019): 1–11. https://doi.org/10.1177/2056305119879671.

O'Neill, E. "Why I really am quitting social media." Posted on November 15, 2015. YouTube video. https://www.youtube.com/watch?v=gmAbwTQvWX8&t=214s.

O'Reilly, C., & Snyder, D. "Homeland Security to Compile Database of Journalists, Bloggers."

Bloomberg Law, April 5, 2018. https://news.bloomberglaw.com/business-and-practice/homeland-security-to-compile-database-of-journalists-bloggers.

Packard, V. *The Hidden Persuaders*. New York: D. McKay Co., 1957.

Pathak, S. "In Cannes, a Marketer Backlash to Influencers Is Growing." Digiday, June 20, 2018. https://digiday.com/marketing/cannes-marketer-backlash-influencers-growing/.

Pavlika, H. "2015 Women's Blogging and Business Report: 'Blogging Is on the Decline.'" Media- Post, September 4, 2015a. https://www.mediapost.com/ publications/article/257659/2015-womens-blogging-and-business-report-bloggi.html.

——. "5 Tips for Running Your First Influencer Marketing Campaign." Mashable, Septem- ber 24, 2015b. https://mashable.com/2015/09/24/influencer-marketing-tips/.

Peiss, K. L. "American Women and the Making of Modern Consumer Culture." *The Journal for MultiMedia History* 1, no. 1 (Fall 1998). https://www.albany. edu/jmmh/vol1no1/peiss-text.html.

——. " 'Vital Industry' and Women's Ventures: Conceptualizing Gender in Twentieth Century Business History." *Business History Review* 72 no. 2 (1998): 219–41.

Peoples Wagner, L. "Is There Room for Fashion Criticism in a Racist Industry?" The Cut, Au- gust 30, 2021. https://www.thecut.com/2021/08/is-there-room-for-fashion-criticism-in-a-racist-industry.html.

Perrin, A. "10 Facts about Smartphones." Pew Research Center, June 29, 2017. https://www.pewresearch.org/fact-tank/2017/06/28/10-facts-about-smartphones/.

Peters, T. "The Brand Called You." *Fast Company*, August 31, 1997. https://www.fastcompany.com/28905/brand-called-you.

Peterson, R. A., & Anand, N. "The Production of Culture Perspective." *Annual Review of Sociol- ogy* 30 (August 2004): 311–34.

Petre, C. "Managing Metrics: The Containment, Disclosure, and Sanctioning of Audience Data at the New York Times." The Tow Center for Digital Journalism, 2015.

Petre, C., Duffy, B. E., & Hund, E. "'Gaming the System': Platform Paternalism and the Politics of Algorithmic Manipulation in the Digital Culture Industries." *Social Media + Society* 5, no. 4 (October 2019). https://doi.org/10.1177/2056305119879995.

Pew Research Center. "Millennials in Adulthood." March 7, 2014. https://www.pewresearch.org/social-trends/2014/03/07/millennials-in-adulthood/.

——. "The State of American Jobs." October 6, 2016. https://www.pewresearch.org/social-trends/2016 /10 /06 /the-state-of-american-jobs/#:~:text=According%20to%20 experts%2C%209%20the,in%20these%20 types%20of%20jobs.

——. "Social Media Fact Sheet." February 5, 2018. https://www.pewinternet.org/fact-sheet/social-media/.

Pham, M. T. "Susie Bubble is a Sign of The Times" The embodiment of success in the Web 2.0 economy. *Feminist Media Studies* 13, no. 2 (2013): 245–67. http://doi.org/10.1080/14680777.2012.678076.

Pickard, V. *Democracy Without Journalism? Confronting the Misinformation Society.* Oxford: Ox- ford University Press, 2020.

Pink, D. H. *Free Agent Nation: How Americans New Independent Workers Are Transforming the Way We Live.* Business Plus, 2001.

Pooley, J. "The Consuming Self: From Flappers to Facebook." In *Blowing up the Brand: Critical Perspectives on Promotional Culture*, edited by Melissa Aronczyk and Devon Powers. New York: Peter Lang, 2010.

Pope, K. "So You Wanna Be a Journalist?" *Columbia Journalism Review*, 2018. https://www.cjr.org/special_report/journalism-jobs.php/.

PR Newswire. "Collective Bias Reveals Users View Influencer Content Nearly Seven Times Longer Than Digital Display Ads." February 17, 2016. https://www.prnewswire.com/news-releases/collective-bias-reveals-users-view-influencer-content-nearly-seven-times-longer-than-digital-display-ads-300219746.html.

Purinton, S. "Establishing Your Brand Voice on Social Media." *Adweek*, September 25, 2017. https://www.adweek .com/digital/stephanie-purinton-ignite-social-media-guest-post-establishing-your-brand-voice-on-social-media/.

Rainey, C. "10 Former Viral Sensations on Life after Internet Fame." *New York*, December 2, 2015. http://nymag.com/intelligencer/2015/12/10-viral-sensations-on-life-after-internet-fame.html.

Refinery29. "29Rooms Is Refinery29's Funhouse of Style, Culture, and Creativity." Accessed April 22, 2022. https://www.refinery29.com/en-us/29rooms.

Reilly, J. "Influencers and Celebrities Are the 'Gateway Drug' to Fake Coronavirus News, Ex- perts Warn." *The Sun*, April 30, 2020. https://www.thesun.co.uk/news/11519729/influencers-celebreties-gateway-drug-fake-news/.

Rife, K. "Adam Pally Didn't Even Try to Hide His Despair on Stage at the Shorty Awards." A.V. Club, April 16, 2018. https://news.avclub.com/adam-pally-didnt-even-try-to-hide-his-despair-on-stage-1825293715.

Robles, P. "Has Essena O'Neill Signalled the End of Influencer Marketing?" Econsultancy, No- vember 4, 2015. https://econsultancy.com/has -essena-o-neill-signalled-the-end-of-influencer-marketing/.

——. "Unilever Gets Serious about Influencer Fraud." Econsultancy, June 19, 2018. https:// econsultancy.com/unilever-gets-serious-about-influencer-fraud/.

Ronan, A. "Heather 'Dooce' Armstrong Talks Life After Mommy-Blogging." The Cut, May 29, 2015. https://www.thecut.com/2015/05/dooce-talks-life-after-mommy-blogging.html.

Rosman, K. "Your Instagram Picture, Worth a Thousand Ads." *New York Times*, December 21, 2017. https://www.nytimes.com/2014/10/16/fashion/your-instagram-picture-worth-a-thousand-ads.html.

Ross, A. "The Naysayers." *New Yorker*, September 8, 2014. https://www. newyorker.com/magazine/2014/09/15/naysayers.

Sandler, E. "'My role is changing': Mega Influencer Pony on Working with Eastern and Western Beauty Brands." Glossy, January 21, 2020. https://www. glossy.co/beauty/my-role-is-changing-mega-influencer-pony-on-working-with-eastern-and-western-beauty-brands/. Saul, H. "Yesterday This Woman 'Told the Truth' about Social Media—Today Her Friends Say It's All a Hoax." *Independent*, November 4, 2015. http://www.independent.co.uk/news/people/essena-oneill-quitting-instagram-is-a-hoax-claim-friends-a6720851.html.

Schaefer, K. "How Bloggers Make Money on Instagram." *Harper's Bazaar*, May 20, 2015. https:// www.harpersbazaar.com/fashion/trends/a10949/how-bloggers-make-money-on-instagram/.

Schaefer, M. *Return on Influence: The Revolutionary Power of Klout, Social Scoring, and Influence Marketing*. New York: McGraw-Hill Education, 2012.

Schonfeld, E. "On eBay, Twitter Followers Are Worth Less Than A Penny Each." TechCrunch, January 31, 2010. http://social.techcrunch.com/2010/01/31/twitter-followers-ebay-penny/. Schulte, B., Durana, A., Stout, B., & Moyer, J. "Paid Family Leave: How Much Time Is Enough?" New American Foundation, June 16, 2017. https://www.newamerica.org/better-life-lab/reports/paid-family-leave-how-much-time-enough/.

Scott, E., & Jones, A. "'Big Media' Meets the 'Bloggers': Coverage of Trent Lott's Remarks at Strom Thurmond's Birthday Party (No. Case No. C14-04-1731.0)." Harvard University: John F. Kennedy School of Government, 2004. https://case.hks.harvard.edu/big-media-meets-the-bloggers-coverage-of-trent-lotts-remarks-at-strom-thurmonds-birthday-party/.

Scott, L. "A History of the Influencer, from Shakespeare to Instagram." *New Yorker*, April 21, 2019. https://www.newyorker.com/culture/annals-of-inquiry/a-history-of-the-influencer-from-shakespeare-to-instagram.

Segran, E. "Female Shoppers No Longer Trust Ads or Celebrity Endorsements." *Fast Company*, September 28, 2015. https://www.fastcompany.com/3051491/female-shoppers-no-longer-trust-ads-or-celebrity-endorsements.

Senft, T. M. *Camgirls: Celebrity and Community in the Age of Social Networks*. New York: Peter Lang, 2008.

——. "Microcelebrity and the Branded Self." In *Blackwell Companion to New Media Dynam- ics*, edited by John Hartley, Jean Burgess, and Axel Bruns, 1–9. Malden, MA: Wiley, 2013.

Serazio, M. *Your Ad Here: The Cool Sell of Guerrilla Marketing*. New York: NYU Press, 2013. Shambaugh, J., Nunn, R., & Bauer, L. "Independent Workers and the Modern Labor Market." Brookings, June 7, 2018. https://www.brookings.edu /blog/up-front/2018/06/07/independent-workers-and-the-modern-labor-market/.

Shunatona, B. "Socality Barbie Is Leaving Instagram." *Cosmopolitan*, November 4, 2015. https:// www.cosmopolitan.com/lifestyle/news/a48813/socality-barbie-leaves-instagram/.

Silman, A. "Influencer Gets Bit by Shark for Sick Instagram and It's Totally Worth It." The Cut, July 11, 2018. https://www.thecut.com/2018/07/influencer-bit-by-shark-for-sick-instagram-totally-worth-it.html.

Sipka, M. "Selecting the Right Influencers: Three Ways to Ensure Your Influencers Are Ef- fective." *Forbes*, November 17, 2017. https://www.forbes.com/sites/forbesagencycouncil/2017/11/17/selecting-the-right-influencers-three-ways-to-ensure-your-influencers-are-effective/.

Smith, A., & Anderson, M. "Social Media Use 2018: Demographics and Statistics." Pew Re- search Center, March 1, 2018. https://www.pewinternet. org/2018/03/01/social-media-use-in-2018/.

Smith, C., dir. *Fyre: The Greatest Party That Never Happened*. United States: Netflix, 2019.

Smith, K. "Saturation Point: Fashion's Latest Color Obsession." EDITED, June 6, 2018. https:// blog.edited.com/blog/resources/fashions-latest-color-obsession.

Smythe, D. "Communications: Blindspot of Western Marxism." *Canadian Journal of Political and Social Theory* 1, no. 3 (1977): 1–27.

Sobande, F. "Spectacularized and Branded Digital (Re)presentations of Black People and Black- ness." *Television & New Media* 22, no. 2 (February 2021): 131–46. https://doi.org/10.1177/1527476420983745.

Stamarski, C. S., & Son Hing, L. S. "Gender Inequalities in the Workplace: The Effects of Orga- nizational Structures, Processes, Practices, and Decision Makers' Sexism." *Frontiers in Psy- chology* 6 (September 2015): https://doi. org/10.3389/fpsyg.2015.01400.

Starling AI: Advanced Network Analytics for Influencer Marketing. Accessed May 29, 2019. https://lippetaylor.com/starling-ai.

Statista. "Social Media Use During COVID-19 Worldwide: Statistics and Facts." Statista, Febru- ary 8, 2022. https://www.statista.com/topics/7863/social-media-use-during-coronavirus-covid-19-worldwide/#topicHeader wrapper.

Stephens, D. "To Save Retail, Let It Die." Business of Fashion, September 5, 2017. https://www.businessoffashion.com/articles/opinion/to-save-retail-let-it-die.

Stevenson, S. "What Your Klout Score Really Means." *Wired*, April 24, 2012. https://www.wired.com/2012/04/ff-klout/.

Stoldt, R., Wellman, M., Ekdale, B., & Tully, M. "Professionalizing and Profiting: The Rise of Intermediaries in the Social Media Influencer Industry." *Social Media + Society* 5, no. 1 (Janu- ary 2019). https://doi. org/10.1177/2056305119832587.

Stone, P. *Opting Out?* Oakland, CA: University of California Press, 2007.

Sullivan, L. "Amazon—Once Again-—Fights Fake Reviews, Click Fraud." MediaPost, July 30, 2018. https://www.mediapost.com/publications/ article/322881/amazon-once-again-fights-fake-reviews-click.html.

Tadena, N. "Lord & Taylor Reaches Settlement with FTC over Native Ad Disclosures." *Wall Street Journal*, March 15, 2016. https://www.wsj. com/articles/lord-taylor-reaches-settlement-with-ftc-over-native-ad-disclosures-1458061427.

Talavera, M. "10 Reasons Why Influencer Marketing Is the Next Big Thing." *Adweek*, July 14, 2015. https://www.adweek.com/digital/10-reasons-why-influencer-marketing-is-the-next-big-thing/. Tan, Y. (2017, June 20). "Want to Become a Social Media Celeb? There's a College Degree for That." Mashable, June 20, 2017. https://mashable.com/2017/06/20/wanghong-china-social-media-star/.

Tashjian, R. "What Happened to Man Repeller?" *GQ*, December 4, 2020. https://www.gq.com/story/what-happened-to-man-repeller.

Tate, R. "This Is the Perfect Pinterest Picture, According to Science." *Wired*, June 4, 2013. https:// www.wired.com/2013/06/this-is-the-perfect-pinterest-picture/.

Tepper, F. "LIKEtoKNOW.it's App Helps You Buy the Products in Your Screenshots." Tech- Crunch, March 6, 2017. http://social.techcrunch.com/2017/03/06/liketoknow-it-app-launch-screenshots/.

Terranova, T. "Free Labor: Producing Culture for the Digital Economy." *Social Text* 18, no. 2 (63) (Summer 2000): 33–58. https://doi.org/10.1215/01642472-18-2_63-33.

The In Cloud. Data visualization of fashion industry workers, 2014. Accessed on Style.com website: http://incloud.style.com/.

The Shorty Awards. "Honoring the Best of Social Media and Digital." The Shorty Awards Web- site. https://shortyawards.com/. Accessed May 17, 2022.

Ticona, J., & Mateescu, A. "Trusted Strangers: Carework Platforms' Cultural Entrepreneurship in the On-Demand Economy." *New Media & Society* 20, no. 11 (2018): 4384–4404. https:// doi.org/10.1177/1461444818773727.

Tietjen, A. "How RewardStyle Is Using Data to Create Successful Influencer Partnerships." *Women's Wear Daily*, July 31, 2018. https://wwd.com/beauty-industry-news/beauty-features/rewardstyle-data-influencer-partnership-campaigns-1202766954/.

——. "Are Influencers the Escape Social Media Wants during Coronavirus?" *Women's Wear Daily*, April 2, 2020. https://wwd.com/business-news/media/influencers-coronavirus-escape-social-media-1203550224/.

——. "Holiday Shopping: ShopStyle Predicts Influencer Sales Will Double." *Women's Wear Daily,* November 16, 2020. https://wwd.com/fashion-news/fashion-features/shopstyle-influencer-sales-double-holiday-shopping-1234657179/.

Tokumitsu, M. *Do What You Love: And Other Lies about Success and Happiness*. New York: Regan Arts, 2015.

Tolentino, J. "The Age of Instagram Face." *New Yorker*, December 12, 2019. https://www.newyorker.com/culture/decade-in-review/the-age-of-instagram-face.

Traackr. "Fashion and Beauty Brands Are Studying Influencers' Social Consciousness Sincerity before Choosing Partners." Glossy, March 23, 2020. https://www.glossy.co/sponsored/socially-conscious-brands-are-winning-big-with-influencer-marketing.

Trapp, F. "What Brands Can Learn from Essena O'Neill's Case against Social Media." Alley- Watch, December 2, 2015. https://www.alleywatch. com/2015/12/brands-can-learn-essena-oneills-case-social-media/.

Turner, F. "Machine Politics." *Harper's*, January 2019. https://harpers.org/ archive/2019/01/machine-politics-facebook-political-polarization/.

Turner, G. *Ordinary People and the Media: The Demotic Turn*. London: SAGE, 2010.

——. *Re-Inventing the Media*. London: Routledge, 2015.

Turow, J. *Media Systems in Society: Understanding Industries, Strategies, and Power*. London: Longman, 1997.

——. *The Aisles Have Eyes: How Retailers Track Your Shopping, Strip Your Privacy, and Define Your Power*. New Haven: Yale University Press, 2017.

Van Dijck, J. *Culture of Connectivity*. Oxford: Oxford University Press, 2013.

Vranica, S. "Unilever Demands Influencer Marketing Business Clean Up Its Act." *Wall Street Journal*, June 17, 2018. https://www.wsj.com/articles/unilever-demands -influencer-marketing-business-clean-up-its-act-1529272861.

Wanshel, E. "Adam Pally Hated Presenting at the Shorty Awards and Let Everyone Know It." Huffington Post, 2018. https://www.huffpost.com/entry/adam-pally-shorty-awards_n_5ad62c9de4b077c89ced441f.

Waters, M. "'A True Influencer Program': Inside Walmart's Growing Army of Employee TikTok- ers." Modern Retail, December 14, 2020. https://www. modernretail.co/retailers/a-true-influencer-program-inside-walmarts-growing-army-of-employee-tiktokers/.

Weber, M. *From Max Weber: Essays in Sociology*. Translated by T. Parsons, 1946. https://archive.org/details/frommaxweberessa00webe.

Wellman, M., Stoldt, R., Tully, M., & Ekdale, B. "Ethics of Authenticity: Social Media Influenc- ers and the Production of Sponsored Content." *Journal of Media Ethics* 35, no. 2 (March 2020): 68–82. https://doi.org/10.1080/237369 92.2020.1736078.

WGSN (@WGSN). "More #info than #ad, influencers will continue to use their platform to spread truth and knowledge." Instagram photograph, February 1, 2021. https://www.instagram.com/p/CKwD1EQFGVx/.

Wiener, A. "The Millennial Walt Disney Wants to Turn Empty Stores into Instagram Play- grounds." *New York*, October 4, 2017. http://nymag.com/

intelligencer/2017/10/museum-of-ice-cream-maryellis-bunn.html.

Williams, R. "Study: Instagram Leads as Influencer Marketing Platform." Mobile Marketer, July 18, 2018. https://www.mobilemarketer.com/news/study-instagram-leads-as-influencer-marketing-platform/528030/.

Williamson, D.A. "U.S. Social Media Usage: How the Coronavirus Is Changing Consumer Behav- ior." eMarketer, June 2, 2020. https://www.emarketer.com/content/us-social-media-usage.

Wylie, M. "InstaBrand, SheKnows Media Help Companies Cash in on Social Media Influenc- ers." Bizwomen, September 17, 2015. https://www.bizjournals.com/bizwomen/news/profiles-strategies/2015/09/the-business-of-influence-risks-and-rewards-of.html.

Zubernis, L., & Larsen, K. *Fandom at the Crossroads: Celebration, Shame and Fan/Producer Re- lationships*. Unabridged edition. Newcastle upon Tyne, UK: Cambridge Scholars Publish- ing, 2012.

Zuboff, S. "You Are the Object of a Secret Extraction Operation." *New York Times*, November 12, 2021. https://www.nytimes.com/2021/11/12/opinion/facebook-privacy.html.

國家圖書館出版品預行編目 (CIP) 資料

做自己，最好賣？網紅產業如何販售真實性 / 艾蜜莉. 洪德 (Emily Hund) 著；堯嘉寧譯 . -- 初版 . -- 新北市：大家出版，2024.05
面； 公分 . -- (Common；78)
譯自：The influencer industry : the quest for authenticity on social media
ISBN 978-626-7283-78-3（平裝）

1. CST: 網路行銷 2. CST: 網路社群 3. CST: 傳播心理學

496　　　　　　　　　　　　　　　　　　　113005027

Common 78

做自己，最好賣？
網紅產業如何販售真實性
The Influencer Industry: The Quest for Authenticity on Social Media

作　　　者｜艾蜜莉・洪德（Emily Hund）
譯　　　者｜堯嘉寧
封面設計｜高偉哲
校　　　對｜魏秋綢
內文排版｜謝青秀
責任編輯｜楊琇茹
行銷企畫｜陳詩韻
總 編 輯｜賴淑玲
出 版 者｜大家出版／遠足文化事業股份有限公司
發　　　行｜遠足文化事業股份有限公司（讀書共和國出版集團）
　　　　　　　231 新北市新店區民權路 108-2 號 9 樓
　　　　　　　電話：(02)2218-1417　　傳真：(02)8667-1851
劃撥帳號｜19504465　戶名：遠足文化事業有限公司
法律顧問｜華洋法律事務所　蘇文生律師
I S B N｜978-626-7283-78-3
　　　　　　9786267283776 (PDF)
　　　　　　9786267283769 (EPUB)
定　　　價｜新臺幣 450 元
版　　　次｜初版一刷・2024 年 05 月